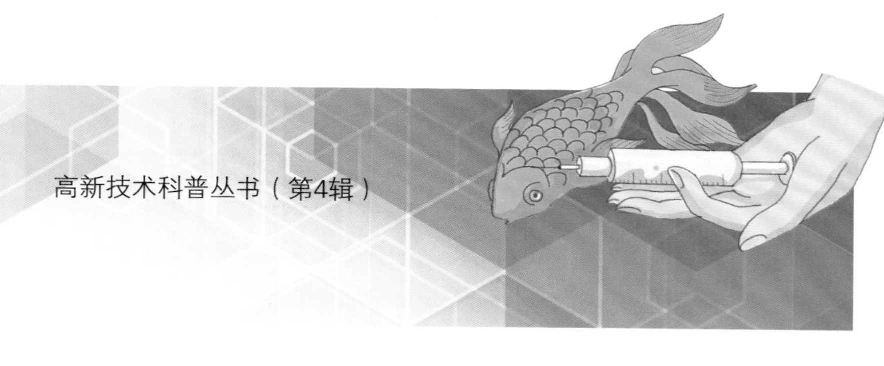

河淡海咸水产丰

——渔业新技术与应用

主编　关　歆　姚国成

SPM 南方出版传媒
广东科技出版社｜全国优秀出版社
·广　州·

图书在版编目（CIP）数据

河淡海咸水产丰：渔业新技术与应用 / 关歆，姚国成主编．—广州：广东科技出版社，2017.10

（高新技术科普丛书．第4辑）

ISBN 978-7-5359-6786-2

Ⅰ．①河…　Ⅱ．①关…②姚…　Ⅲ．①渔业—普及读物　Ⅳ．①S9-49

中国版本图书馆CIP数据核字（2017）第207096号

河淡海咸水产丰——渔业新技术与应用
Hedanhaixian Shuichanfeng——Yuye Xinjishu yu Yingyong

责任编辑：罗孝政
装帧设计：柳国雄
责任校对：梁小帆
责任印制：彭海波
出版发行：广东科技出版社
（广州市环市东路水荫路11号　邮政编码：510075）
http：//www.gdstp.com.cn
E-mail：gdkjyxb@gdstp.com.cn（营销）
E-mail：gdkjzbb@gdstp.com.cn（编务室）
经　　销：广东新华发行集团股份有限公司
印　　刷：广州市岭美彩印有限公司
（广州市荔湾区花地大道南海南工商贸易区A幢　邮政编码：510385）
规　　格：889mm×1 194mm　1/32　印张5　字数120千
版　　次：2017年10月第1版
2017年10月第1次印刷
定　　价：26.80元

《高新技术科普丛书》（第 4 辑）编委会

本套丛书的创作和出版由广州市科技创新委员会、广州市科技进步基金会资助，由广东省科普作家协会组织编写、审阅。

序一 PREFACE

精彩绝伦的广州亚运会开幕式，流光溢彩、美轮美奂的广州灯光夜景，令广州一夜成名，也充分展示了广州在高新技术发展中取得的成就。这种高新科技与艺术的完美结合，在受到世界各国传媒和亚运会来宾的热烈赞扬的同时，也使广州人民倍感自豪，并唤起了公众科技创新的意识和对科技创新的关注。

广州，这座南中国最具活力的现代化城市，诞生了中国第一家免费电子邮局，拥有全国城市中位列第一的网民数量，广州的装备制造、生物医药、电子信息等高新技术产业发展迅猛。将这些高新技术知识普及给公众，以提高公众的科学素养，具有现实和深远的意义，也是我们科学工作者责无旁贷的历史使命。为此，广州市科技和信息化局（广州市科技创新委员会）与广州市科技进步基金会资助推出《高新技术科普丛书》。这又是广州一件有重大意义的科普盛事，这将为人们提供打开科学大门、了解高新技术的“金钥匙”。

丛书内容包括生物医学、电子信息以及新能源、新材料等三大板块，有《量体裁药不是梦——从基因到个体化用药》《网事真不如烟——互联网的现在与未来》《上天入地觅“新能”——新能源和可再生能源》《探“显”之旅——近代平板显示技术》《七彩霓裳新光源——LED与现代生活》以及关于干细胞、生物导弹、分子诊断、基因药物、软件、物联网、数字家庭、新材料、电动汽车等多方面的图书。

我长期从事医学科研和临床医学工作，深深了解生物医学对于今后医学发展的划时代意义，深知医学是与人文科学联系最密切的一门学科。因此，在宣传高新科技知识的同时，要注意与人文思想相结合。传播科学知识，不能视为单纯的自然科学，必须融汇人文科学的知识。这些科普图书正是秉持这样的理念，把人文科学融汇于全书的字里行间，让读者爱不释手。

丛书采用了吸收新闻元素、流行元素并予以创新的写法，充分体现了海纳百川、兼收并蓄的岭南文化特色。并按照当今"读图时代"的理念，加插了大量故事化、生活化的生动活泼的插图，把复杂的科技原理变成浅显易懂的图解，使整套丛书集科学性、通俗性、趣味性、艺术性于一体，美不胜收。

我一向认为，科技知识深奥广博，又与千家万户息息相关。因此科普工作与科研工作一样重要，唯有用科研的精神和态度来对待科普创作，才有可能出精品。用准确生动、深入浅出的形式，把深奥的科技知识和精邃的科学方法向大众传播，使大众读得懂、喜欢读，并有所感悟，这是我本人多年来一直最想做的事情之一。

我欣喜地看到，广东省科普作家协会的专家们与来自广州地区研发单位的作者们一道，在这方面成功地开创了一条科普创作新路。我衷心祝愿广州市的科普工作和科普创作不断取得更大的成就！

中国工程院院士 钟南山

让高新科学技术星火燎原

21世纪第二个十年伊始，广州就迎来喜事连连。广州亚运会成功举办，这是亚洲体育界的盛事；《高新技术科普丛书》面世，这是广州科普界的喜事。

改革开放30多年来，广州在经济、科技、文化等各方面都取得了惊人的飞跃发展，城市面貌也变得越来越美。手机、电脑、互联网、液晶大屏幕电视、风光互补路灯等高新技术产品遍布广州，让广大人民群众的生活变得越来越美好，学习和工作越来越方便；同时，也激发了人们，特别是青少年对科学的向往和对高新技术的好奇心。所有这些都使广州形成了关注科技进步的社会氛围。

然而，如果仅限于以上对高新技术产品的感性认识，那还是远远不够的。广州要在21世纪继续保持和发挥全国领先的作用，最重要的是要培养出在科学领域敢于突破、敢于独创的领军人才，以及在高新技术研究开发领域勇于创新的尖端人才。

那么，怎样才能培养出拔尖的优秀人才呢？我想，著名科学家爱因斯坦在他的“自传”里写的一段话就很有启发意义：“在12~16岁的时候，我熟悉了基础数学，包括微积分原理。这时，我幸运地接触到一些书，它们在逻辑严密性方面并不太严格，但是能够简单明了地突出基本思想。”他还明确地点出了其中的一本书：“我还幸运地从一部卓越的通俗读物（伯恩斯坦的《自然科学通俗读本》）中知道了整个自然领域里的主要成果和方法，这部著作几乎完全局限于定性的叙述，这是一部我聚精会神地阅读了的著作。”——实际上，除了爱因斯坦以外，有许多著名科学家（以至社会科学家、文学家等），也都曾满怀感激地回忆过令他们的人生轨迹指向杰出和伟大的科普图书。

由此可见，广州市科技和信息化局（广州市科技创新委员会）与广州市科技进步基金会，联袂组织奋斗在科研与开发一线的科技人员创作本专业的科普图书，并邀请广东科普作家指导创作，这对广州今后的科技创新和人才培养，是一件具有深远战略意义的大事。

这套丛书的内容涵盖电子信息、新能源、新材料以及生物医学等领域，这些学科及其产业，都是近年来广州重点发展并取得较大成就的高新科技亮点。因此这套丛书不仅将普及科学知识，宣传广州高新技术研究和开发的成就，同时也将激励科技人员去抢占更高的科技制高点，为广州今后的科技、经济、社会全面发展做出更大贡献，并进一步推动广州的科技普及和科普创作事业发展，在全社会营造出有利于科技创新的良好氛围，促进优秀科技人才的茁壮成长，为广州在21世纪再创高科技辉煌打下坚实的基础！

中国科学院院士 张景中

序三 PREFACE

南国盛开的科技之花

“不经一番寒彻骨，怎得梅花扑鼻香。”2016年是不平凡的一年，这一年凛冽的冷空气，让广州下起了百年难得一遇的“雪”，为我们呈现了一朵朵迎春盛开的科技之花。

“忽如一夜春风来，千树万树梨花开。”伟大的改革开放以来，广州在政治、经济、文化等方面都取得了迅速的发展，获得了骄人的成绩。城市面貌焕然一新，天上是晴空万里的“广州蓝”，高处是摩天高楼，地上是车水马龙，地下是地铁网络。高新技术的发展和应用，使人们的生活越来越美好，工作越来越便捷，生活也有滋有味，戴的是可穿戴设备，吃的是可追溯来源的安全食品，用的是3D打印科技，看的是新媒体技术，还有网络安全和精准医学为我们的生活保驾护航。

对于高新技术的认识来源，可以是多方面的，但普及高新技术的目的是在于促进多领域跨学科的合作交流，特别是要启发广大青少年投身于高新技术行业。因此，要在21世纪继续保持和发挥科技创新的领导作用，要广泛开展科普活动，发挥地区和人才优势，传播科学知识，介绍科技动态，既要深入，更要浅出，激发青少年学习兴趣。

“万点落花舟一叶，载将春色过江南。”由广州市科技创新委员会、广州市科技进步基金会资助，广东省科普作家协会组织编写、审阅的这套大型科普丛书，由各领域专业人才编写，选题为广大人民群众感兴趣的科技话题，紧扣当今新闻热点，内容丰富，语言生动，案例真实，兼顾了可读性、趣味性和实用性。这套科普丛书的出版，对于贯彻《全民科学素质行动计划纲要实施方案（2016—2020年）》，强化公民科学素质建设，提升人力资源质量，助力创新型国家建设和全面建成小康社会，具有非常重大的意义。

“活水源流随处满，东风花柳逐时新。”祝愿广大读者能收获科技财富带来的精神喜悦，祝愿南国广州的科技之花永远盛开！

中国工程院院士　钟世镇

前言
FOREWORD

江上往来人，但爱鲈鱼美。

君看一叶舟，出没风波里。

这首传颂了上千年的《江上渔者》，是宋代诗人范仲淹的一首五言绝句，道尽了古代渔民营生的艰难。另一位宋代词人柳永，有感于当时沿海渔民的生活疾苦，写了一首很长的《煮海歌》，其中讲道:“煮海之民何所营？妇无蚕织夫无耕。衣食之源太寥落，牢盆煮就汝输征。”可以想象，无论江河之上，还是汪洋大海，渔民谋生之不易。除了当时的社会环境影响，受制于生产技术，也是一个重要的原因。现代社会，江河湖海已成为人们生活资源的宝库，随着科学技术的发展与进步，以“煮海营生”为手段的传统渔业正向现代渔业变化，渔业新技术正在社会经济生活中呈现出全新的面貌。

让我们看看跨入现代发达城市的广州，这个拥有1 667万常住人口，外来务工人口超过700万的大型国际城市，消费水平较高。广州又是一个水产品的重要集散地，广州人在食肉和食鱼之间，更多的选择了鱼。根据广州水产行业协会提供的数据，广州水产品年交易量140万吨，其中，广州本地年消费水产品91 万吨，人均年消费水产品54.6千克，在全国处于较高水平。近几年，每年都在广州中国进出口商品交易会展馆举行国际渔业博览会。2017 年中国（广州）国际渔业博览会于 8 月 25—27 日举行，作为中国南方规模最大的渔业博览会，吸引了印度、印度尼西亚、韩国、泰国、菲律宾、巴基斯坦、西班牙、比利时、澳大利亚、厄瓜多尔等 25 个国家，国内 30 多个省市的 538 家企业参展。专业买家来自全球 83 个国家和地区，包括俄罗斯、美国、加拿大、巴西、智利、哥伦比亚、意大利、荷兰、南非、迪拜、日本、马来西亚等。

水是生命之源。千百年来，江河湖海，不仅构成了地球上壮阔而美丽的风景，更是人类获取生活资料来源不可或缺的资源宝库，以水产品生产、经营为中心内容的现代渔业，与每一个人的生活和社会经济的发展都息息相关。中国渔业在 20 世纪 80 年代以来快速发展，2015 年全国水产品总量达到 6 901 万吨，占世界水产品总量的 39.5%，连续 27 年位居世界第一，其中养殖水产品总量达 5 142 万吨，占世界养殖水产品总量的 65.3%。另外，我国的水产品出口量也居世界首位。

本书参考大量的渔业高新技术相关资料，从人类发展历史“先渔猎，后稼穑”说起，建设理想家园“鱼米之乡”，希望“一日三餐有鱼虾”，突出广州是华南渔业的中心，重点展示渔业捕捞新技术、鱼虾人工繁殖技术、良种选育技术、集约养殖技术、生态循环养殖技术和水产品保鲜、储运、加工新技术，强调保护渔业环境，增殖渔业资源，展望渔业前景，让海洋成为未来的粮仓。作者力求通过通俗易懂的语言和丰富有趣的案例，深入浅出地介绍渔业高新技术。希望通过依靠科技进步，促进现代渔业的健康持续发展。

目录
CONTENTS

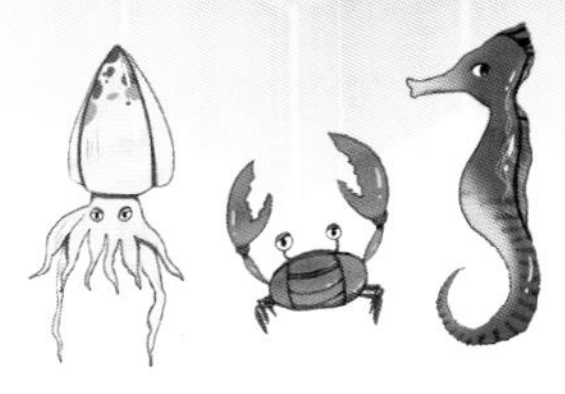

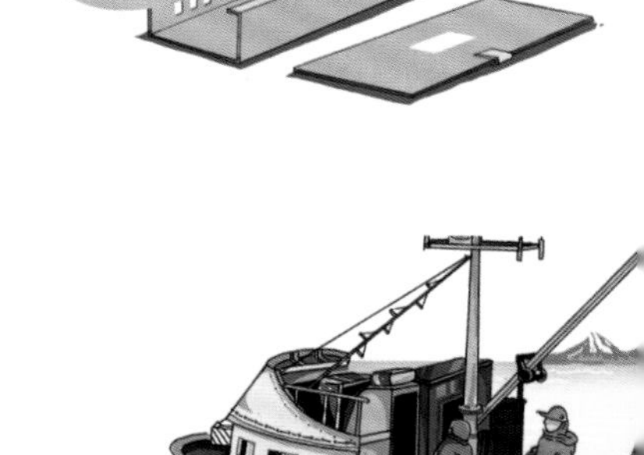
玻璃钢

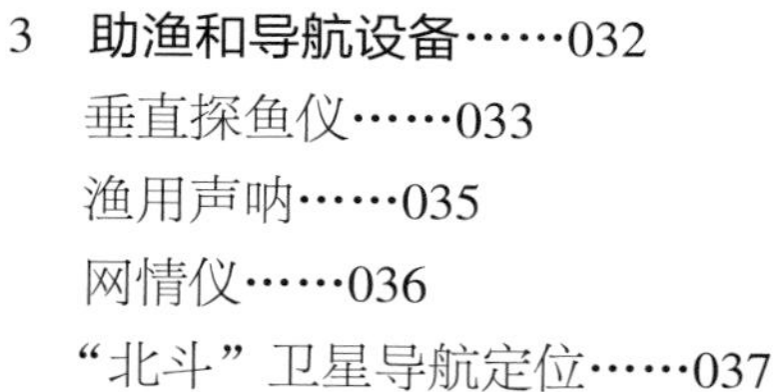

一　渔业与人类

鸦片战争时期，林则徐的一个幕僚曾对林则徐说：“宁可三月无肉，不可一日无鱼。”林则徐暗中命厨师单独给这个幕僚做饭，要求一个月之内只给他鱼吃，而不能给肉，想检验一下这个幕僚对鱼的体验，厨师按照吩咐去做，没想到这正中幕僚下怀，暗暗高兴，一个月后，林则徐问这个幕僚：“阁下果觉鱼肉之味何？”幕僚说：“一月食鱼，不知肉味。但愿长做广州人，日日食鱼度此生。”说得林则徐开怀大笑。

生活在近海的广州人，菜谱中有近三分之一为鱼类，食鱼已成为广州人生活的一大特色。

生命物质的起源与水紧密相关，动物的进化由海洋至陆地，人类的演化离不开水，更离不开水产品，人类社会生活的发展，从来都与狩猎和渔业紧密相关。在人类发展的历史长河里，进入石器时代的人类即以渔猎为生，捕鱼成为人们日常生活最重要的劳动，甚至生活方式。

『鱼』字的演变

1 先渔猎，后稼穑

广州地处珠江三角洲腹地，面临南海，气候温和，日照时间长，雨量充沛，早在新石器时代，先民们就在这里从事渔猎和原始农业活动。广州不论是淡水鱼还是咸水鱼，品种都非常丰富。广州人食鱼在原始社会早期就开始，根据考古发现，在石器时代的“南沙人”时期便开始捕鱼、食鱼。在原始遗址出土的陶器中有不少鱼形花纹，再到后来，如秦汉时期的墓葬品中，也发现不少与捕鱼、食鱼有关的历史遗留物。

四千年前的贝丘遗址

在越秀山镇海楼广州博物馆一个高大的橱柜里，收藏着一件广州近郊增城金兰寺出土的长身斜边弧刃式双肩磨制石斧，造型规整，打磨精

致，刃口锋利，具有较高的艺术水平，堪称新石器时代的精品。由于岭南地区的发展与中原相比，时间稍晚，金兰寺先民的发展程度和黄河流域及长江流域发掘的距今六七千年的先民相当。他们用石镰、石铲、石锄、陶刀等农具从事农业生产，用石斧、石刀等工具在深山老林里打猎。

金兰寺贝丘遗址，1956 年省文物普查队首先发现，是广东较早发现的古代文化遗址之一，距今 4 035 年（±95 年）。这里，沉积着大量白色的贝壳，以蚬壳为主，也有为数不少的蚝壳，还有鹿、牛、鱼、龟的遗骨，展现了古人类以贝类生物为主食的渔猎经济生活方式。如今的金兰村，有耕地 150 余公顷，鱼塘近 70 公顷，是“鱼米之乡”。

“广州第一村”的渔猎部落

1956 年 7 月，中山大学地理系学生在当时龙眼洞村今华南植物园的飞鹅岭测量实习，拾获有肩石斧等石器数十件，后又出土了大量石斧、石凿、石磨和陶器等生产工具，经多方考证、核实，该遗址最早诞生于距今约 4 000 年前的新石器时代晚期。这说明，新石器时代晚期就有流动的渔猎部落在此定居。

随着社会的发展和进步，人类对食物的选择性越来越强。从祖先渔猎时期的茹毛饮血、饥不择食，到后来发展种植，变成以植物性食物为主，今天又转向以动物性食物为主，并从含脂肪较多的肉食转向含蛋白质较多的水产品。

2 一日三餐有鱼虾

根据 2016 年《世界渔业和水产养殖状况》报告统计，2014 年全球渔业总产量达 1.672 亿吨，其中捕捞渔业产量 9 340 万吨，水产养殖产量 7 380 万吨，实现了里程碑式的突破。

水产品是优秀的动物蛋白质

在动物蛋白质中，鱼肉是最好的动物蛋白质食物。食用水产品的全球供应量增速已超过人口增速，水产品消费量的增长，带动了水产养殖业快速增长和渔业技术的发展。

广州人吃鱼比吃肉多

广州地处在珠江三角洲河网的中心。这片沃土从西面、北面到东面，被一系列断断续续的小山体围绕着；南面滨海地区，有着辽阔的滩涂和沼泽，珠江最后形成了八大出海口，小港汊无数，咸淡水鱼类、两栖类、甲壳类、爬虫类都很多，自古以来是中国水产资源最丰富的地区之一。岭南人“食杂”和特别钟情于水产的传统，与这个富饶的自然环境有着密切的关系。

随着生活条件的不断改善，现在广州人餐桌上几乎都少不了水产品，特别是逢年过节，鱼更是必备菜肴。鱼与“余”的发音相似，为了讨口彩，广州人逢年过节都喜欢吃鱼。新年食鱼，反映了广州民间注重讨口彩的心理，大年三十晚，尽管家家都有丰盛的鸡鸭猪肉，但每家都少不得要买鱼，一般当天不会吃完，要整条或留一大部分等第二天吃，因为第二天是农历新年的第一天，寓意为“年年有余（鱼）”，象征着幸福美好的生活，年年富足有余。

以广州为中心的珠江三角洲及东西沿海地区，吃水产品比猪肉还要多，一日三餐都吃水产品，非鱼即虾。

3 水产品是好药物

药用水产品是指身体的全部或局部可以入药的水产品。在长期的实践中，人们发现很多疾病可用各种各样的水产品来治疗，如古人早就知道用水蛭吸瘀血，治疗肿毒疖疮等顽症。我国中医药历史源远流长，广泛使用水产品作药材，如鲍壳（石决明）、龟板等。外形丑陋的海马、水蛭等，也是有药用价值的宝贵资源，海螵蛸、虾壳等则是常用的动物性药物。

渔业的副产品是好药

海螵蛸，为乌贼科动物无针乌贼或金乌贼的干燥内壳。分布于浙江、福建、山东等地。具有收敛止血、涩精止带、制酸止痛、收湿敛疮之功效。常用于吐血衄血、崩漏便血、遗精滑精、赤白带下、胃痛吞酸；外治损伤出血、湿疹湿疮、溃疡不敛。

我们平时吃剩的蟹壳和虾壳都被当成垃圾扔掉了，可是这些壳中有一种物质，叫甲壳质，也叫几丁质，它对人类非常有用。甲壳质广泛存在于昆虫和甲壳动物的硬壳及真菌、藻类植物的细胞壁中，自然界每年由生物合成的甲壳质有数十亿吨，是地球上最丰富的有机物之一。进入21世纪后，世界各地掀起一股甲壳质的开发热，甲壳质在许多领域得到应用。就医药领域来说，甲壳质可用作手术缝合线、人造皮肤、人造血管、伤口敷料、止血海绵、药物的载体及研制抗癌药等。所以，海洋动物的甲壳质也是一种有价值的自然资源。

海洋药物数不尽

海马是一种鱼类，因为它的头形像马，故称为海马。它的繁殖方式很奇特，每到生殖期，雄海马的腹部充血，皮折愈合形成一个育儿袋，雌海马将成熟的卵产在雄海马的育儿袋中，卵就在里边孵化成小海马。小海马发育成熟后，雄海马就像不倒翁似地前俯后仰，一条条小海马就从育儿袋中被陆续喷了出来。海马可供药用，广东出产的海马特别有名，素有“南马北参”之称，意为广东海马与吉林人参齐名，有健身、强心、止痛和催产等功效。

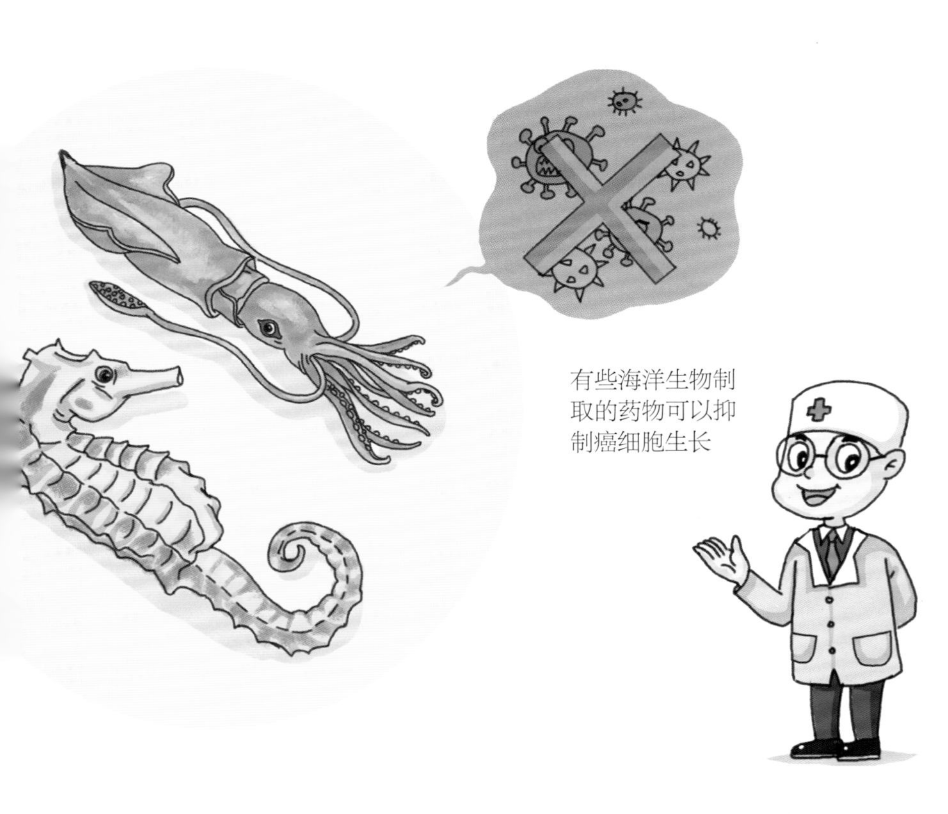

癌症是使人不寒而栗的恶疾，人们谈癌色变。为了减弱和终止癌症对人类的威胁，成千上万的科学家在各个领域中不断地探索着，海洋药物资源是他们研究的热点。科学家们已用海洋生物制取了很多药物。杂色蛤的提取物对肺癌细胞的生长有抑制作用；从海绵动物体内提取的一种物质可治疗口腔癌和宫颈癌，对白血病也有疗效；从加勒比海的柳珊瑚和软珊瑚中也提取到了抗癌物质。科学家发现，鲨鱼很少得癌症，似乎对癌有天然的免疫力，将一些病菌和癌细胞接种于鲨鱼体内，也不能使其患病和致癌。这些发现，激发了人们对鲨鱼研究的兴趣。近年来，已从双髻鲨体表分泌物中分离出一种超强抗癌药物，从深海鲨鱼的肝脏中得到有抗癌作用的角鲨烯，还发现鲨鱼的软骨中有抗肿瘤的活性成分。科学家还从牡蛎、蛤、鲍鱼、海蜗牛、乌贼等动物体中找到了许多抗病毒的物质，可治疗多种疾病。

海洋动物千奇百怪，各有绝招。中国海洋中已知的海洋动物有 1.2 万多种，它们所蕴藏的数不尽的药物资源将给人类带来更多的福音，创造更美好的明天。可以看出，长期以来，许多动物为人类的健康做出了无私的奉献，成了人类健康的忠诚卫士。

4 鱼虾龟鳖任观赏

鱼虾等水生动物除了提供人们食用外，还可用来观赏，首先是观赏鱼，后来发展到虾兵蟹将、珊瑚龟鳖，琳琅满目，美不胜收。

观赏鱼

观赏鱼是指具有观赏价值的有鲜艳色彩或奇特形状的鱼类。它们分布在世界各地，品种不下数千种。有的生活在淡水中，有的生活在海水中，有的来自温带地区，有的来自热带地区。有的以色彩绚丽而著称，有的以形状怪异而称奇，有的以稀少名贵而闻名。在世界观赏鱼市场中，通常由三大品系组成，即温带淡水观赏鱼、热带淡水观赏鱼和热带海水观赏鱼。

温带淡水观赏鱼最适合普通家庭饲养，最常见的是金鱼和锦鲤。

金鱼起源于中国，也称“金鲫鱼”，是由鲫鱼进化而成的观赏鱼类。中国金鱼是世界观赏鱼史上最早的品种，已陪伴着人类生活了 1 400 多年。金鱼易于饲养，它身姿奇异，形态优美，色彩绚丽，一般都是金黄色。在 12 世纪，已开始金鱼家化的遗传研究，经过长时间培育，金鱼的品种很多，品种不断优化，颜色有红、橙、紫、蓝、黑、银白、五花等，分为文种、草种、龙种、蛋种四大品系。现在世界各国的金鱼都是直接或间接由中国引种的。金鱼能美化环境，很受人们的喜爱，是具有中国特色的观赏鱼。过年的时候家里买上两条金鱼，寓意在来年金玉满堂、年年有余。

锦鲤在生物学上属于鲤科（Cyprinidae），是风靡当今世界的一种高档观赏鱼，有“水中活宝石”“会游泳的艺术品”的美称。锦鲤的发展同金鱼有着相似之处。锦鲤最早见于西晋时期的记载。中国古代宫廷至少从唐代开始就已经有大规模养殖锦鲤的记录，距今已有一千多年历史。早期锦鲤只是皇家王宫贵族和达官显赫等家庭的观赏鱼，后来，锦鲤在民间流传开来，人们则把它看成吉祥、幸福的象征。

养殖锦鲤不但能怡情养性，美化环境，而且只要具备正确的鉴赏眼光和饲养方法，以低价购进的有前途的中小锦鲤，经过培育，若能在品评会上获奖则身价倍增，不但可以让您享受饲养与玩赏的乐趣，还可以保值增值。在广东，每年都要举办几次锦鲤品评会。锦鲤为各国文化的交流也起到很大作用。

观赏虾

观赏虾并不是一个物种，而是虾这种动物中具有观赏价值的一类虾的总称，共有 38 个种。观赏虾因美丽的外形且体型较小，深受水族爱好者的欢迎，在国内已经成为流行的宠物品种，特别是在大中城市的水族店中，经常能见到它们的身影。

观赏虾除了美丽外表具有观赏价值之外，它们中有些种类还是除藻好手，除藻能力深受水草玩家肯定。观赏虾对生存环境的要求并不严格，但要想将虾养出状态，养出极致，则需要更多的耐心和细心。

观赏虾有一个特征就是透明的，还有游动姿态很可爱，也有颜色不同的，观赏价值很高。

观赏龟

龟，泛指龟鳖目的所有成员，是现存最古老的爬行动物。特征为身上长有非常坚固的甲壳，受袭击时龟可以把头、尾及四肢缩回龟壳内。大多数龟均为肉食性，以蠕虫、螺类、虾及小鱼等为食，亦食植物的茎叶。龟通常可以在陆地上及水中生活，亦有长时间在水中生活的海龟。龟亦是长寿的动物，自然环境中有超过百年寿命的。

金钱龟，学名三线闭壳龟，头部呈金黄色或灰绿色，背甲呈棕红色或棕黄色，有三条黑色纵纹，似“川”字，腹甲四周为黄色，四肢为橘红色，因此，又名红边龟、红肚龟、川字背龟、断板龟等。主要分布在华南地区，国外主要分布在越南。另外，与金钱龟同属的有石金钱龟（黄喉拟水龟），由石金钱龟为基龟培育而成的绿毛龟更为人们所喜爱。

金钱龟

5 渔业为主“疍家人”

珠江支流众多、水道纵横，在下游三角洲漫流成网河区，经由虎门、蕉门、洪奇门、横门、磨刀门、鸡啼门、虎跳门和崖门八大口门流入南海。南海是热带陆边海，面积约 350 万千米^2，是中国四大海区中最大的一个。南海北部大陆架（含北部湾）面积约 45 万千米^2，鱼类资源 1 000 种以上，是渔民生产的主要渔场。南海诸岛及其周围海域，历来是中国渔民生产的海域。

岭南的特殊族群

五岭以南，历史上有一支“以海为田、以渔为活”的海上“游牧民族”，使用一种特殊形式船只，船首尾皆尖高，船身平阔，其形似疍，故称“疍船”，又因其生活在船上，以船为家，故又称“疍家”“疍户”或“疍民”。作为一个有特殊历史性的民族群体，“疍族”生活习俗的最

大特点就是“浮家江海”“以舟为居”，一千多年来一直过着水上生活。在 20 世纪 50 年代民族甄别时，他们差点成为中国的第 56 个少数民族。

疍家人长期与风浪搏斗和向水中取食，险恶的生存环境和独特的谋生手段，使得勤劳朴实、勇于拼搏、乐观豁达的疍家人，无论在服饰、饮食、居住还是性格、婚俗、宗教等方面都自成一体，形成了独特的“疍家文化”。

广州是“疍家”聚居地

疍民漂行于华南沿海各地，为了抵御海浪，大约在一千年前，疍家人就造出了名为“鸟船”的船只，其船身狭长，上阔下尖，冲波劈浪无所畏惧。也正是因为他们很早就具有远航的能力，才由珠江流域驶进南海，并进而跨过海峡来到海南，见岸遇港就泊船扎营，繁衍生息。如今，海南的疍民大部分迁移到三亚港、红沙港、海棠港、新村港等地，在上述港湾里形成他们特有的“海上村寨”，并依然“以渔为生”。

广州是华南渔业中心

广州市地处鱼米之乡的珠江三角洲，南临南海，河涌纵横交错，气候温和，有利于鱼类繁衍。在农业开发初期，捕捞渔业占着很大的比重，居民的生活“饭稻羹鱼”“民食鱼稻，以渔猎山伐为业”。水产品为广州居民重要副食品，有“朝鱼晚肉”之说，水产品贸易在市场供应占有重要的位置。

水产品集散地

广州是商业名城，毗邻著名的塘鱼产区佛山市，历来是中南地区水产品集散地和外贸转口点，水产业为广州古老的行业之一。近代，在黄沙成立永喜鱼栏，代销塘鱼、河鲜杂鱼；在南华东路（海珠桥脚）开设鱼市场，有冷库保鲜设备，主营冰鲜鱼、咸鱼、海味，为广州最早的冰鲜鱼市场。之后，塘鱼栏、河鲜鱼栏不断扩展，并分化为海珠桥脚和黄沙码头东西两大片鱼栏。

改革开放以来，广州水产业得到持续稳定发展，连续多年居全国各大城市之首，水产品供应呈现数量多、质量好、购买方便的繁荣兴旺景象。

渔业科研中心

国家设在广州的渔业科研机构甚多，有中国科学院南海海洋研究所、中国水产科学研究院南海水产研究所和珠江水产研究所，中山大学有海洋科学院，华南农业大学有海洋学院。另外，暨南大学、华南师范大学、广州大学的渔业科技力量也比较强。现在的广州，是中国重要的渔业科技中心。

小知识

什么是渔业?

从词义来讲，渔，本义为捕鱼。一种海边捕鱼者所进行或从事的生产劳动。渔业指的是养殖、捕捞水生动植物的事业和行业。一般分为海洋渔业、淡水渔业。

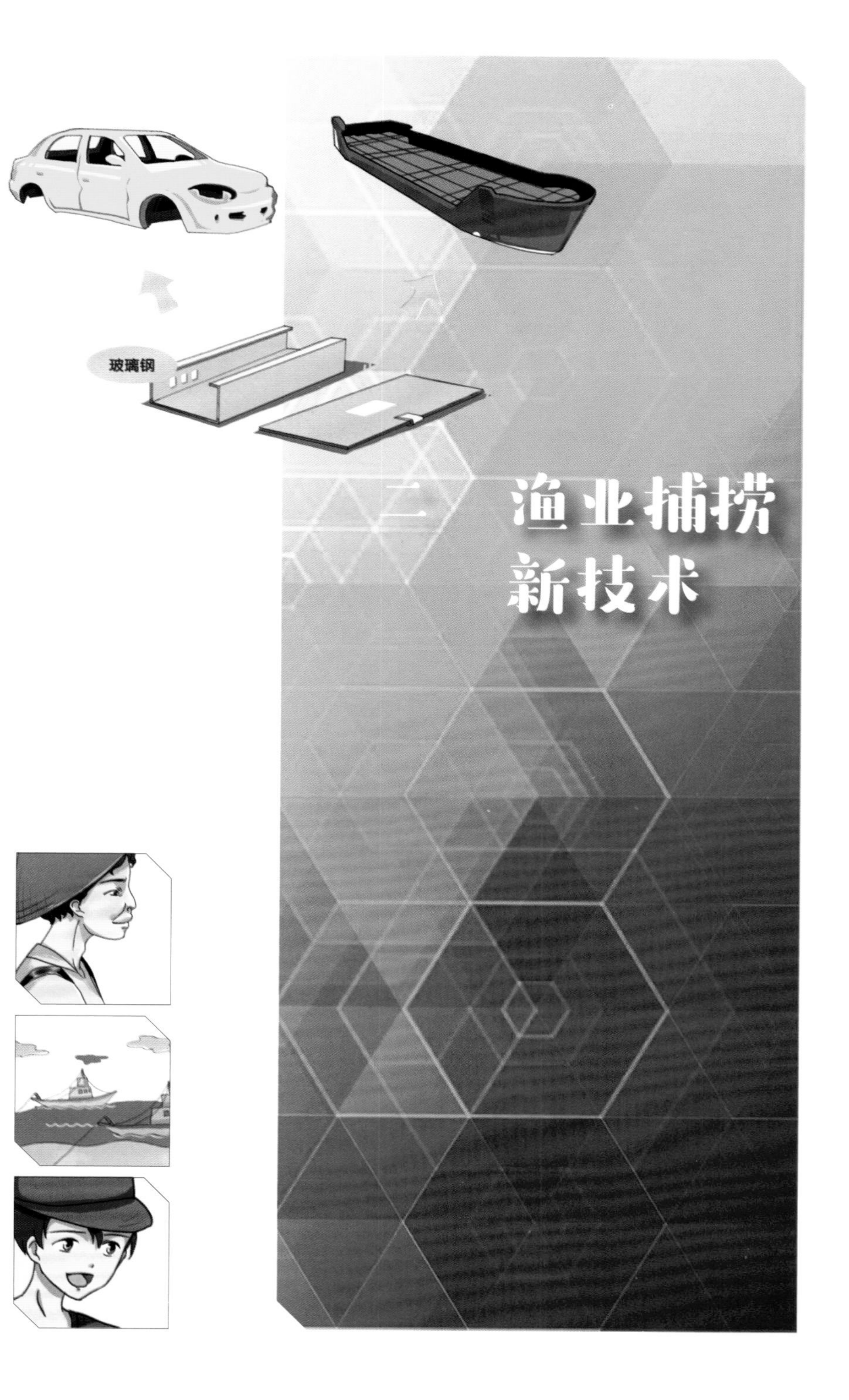

二 渔业捕捞新技术

中央电视台的《舌尖上的中国》栏目，曾讲述过这样一则故事：

“快过年了，按老习俗当地要有一次祭湖祭鱼的活动。”

“网在冰下走了8小时，终于到了收网的时候。水底的世界被整个地打捞了起来，给上天厚爱的人群又一次获得了馈赠。”

“令人感慨的一幕发生了。大鱼们肥美的身躯，刺激着所有人的神经，但是没有一个人会注意到一个细节，拉上来的网中竟然没有一条小鱼，每条鱼的重量几乎都在两千克以上。只有老把头知道，这正是查干湖渔民心口相传的严格规定。”

“冬捕的渔网是6寸的网眼，这样稀疏的网眼，只能网到5年以上的大鱼，这样，未成年的小鱼就被人为地漏掉了。郭尔罗斯蒙古族有一句话叫作‘猎杀不绝’，讲的就是这个道理。”

到了近代，随着工业的发展，人们发明了更为先进的捕捞技术。捕捞区域从江河、浅海扩大到了深海，捕捞品种从起初的中小型鱼类到现在的大型鱼类，每次的捕捞数量也有了极大的提升。

当前世界先进渔船正向高技术化、信息化为主要特征的大型化、网渔具精准化、捕捞加工设备自动化发展。渔机、渔网等配套设备是提高渔船现代化水平的关键，应以大型化、体系化、精准化为发展方向，大力推动海洋捕捞新技术、新产品的应用，促进渔船装备技术和市场的良性互动。随着科学技术的进步和远洋渔业的发展，海洋渔船逐步向大型化发展，甲板工作机械化，驾驶、捕捞、加工、生产自动化，导航助渔电子仪器设备先进、齐全。一些海洋渔业发达国家大力发展大型乃至超

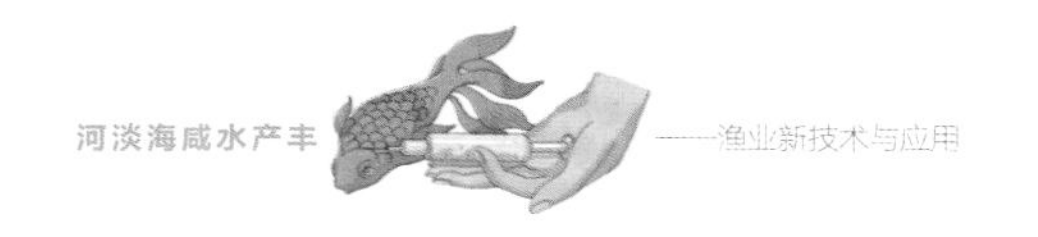

大型远洋渔船。

渔船

渔船是渔业生产的重要载体，是生产力发展水平的重要标志，也是渔业和船舶科技发展水平的集中体现。

渔机标准化

积极推进渔船标准化改造，严格执行技术标准，保证新建渔船质量，提高渔船装备水平。渔船渔机标准化对提升渔船装备水平的作用突出，建立健全渔船渔机标准化体系，加大对渔船装备技术研发的投入，推进现代渔业装备建设，研究设计并发布主要作业渔船主尺度标准、标准化船型和标准化渔机；引导和鼓励渔民逐步淘汰老旧、木质、高耗能和污染大的渔船，有计划地升级改造选择性好、高效节能、安全环保的标准化渔船渔机，重点支持建造有利于资源养护、节能减排的标准化渔船。

发展玻璃钢渔船有利于实现船型标准化管理。木质渔船大多是根据木料长度定龙骨长度再定船长，钢质渔船是根据船东的喜好自行决定船长，所以我国渔船尺度五花八门，杂乱无章，难以统一标准。玻璃钢渔船由于使用模具制造，所以便于

广州远洋渔业公司和广东海洋大学合作的国内首艘南沙海域资源探捕船“穗远号 29”

实现标准化。渔船玻璃钢化是实现渔船船型标准化的捷径。

我国对渔船实行以船长为标准分类：船长不满 12 米的为小型渔船，船长大于或等于 12 米、不满 24 米的为中型渔船，船长大于或等于 24 米的为大型渔船。

装备现代化

我国大型渔船产品结构单一，装备自动化程度低，系统配套不完善，船型设计水平落后。因此，要把渔船装备和船舶装备统一起来，加强协作，共同推进，转变渔船装备落后现状。

广州制造的国内第一艘现代化大型封闭式灯光罩网远洋捕捞船

实现渔船装备现代化，必须依靠科技进步，提升渔船装备产业的研发能力，攻克高技术新型渔船设计、建造关键技术，加快新能源、新材料、新技术、新装备等在渔船上的研究与应用；加强渔船设计、建造、检验技术标准和检验规范研究，解决制约渔船装备性能提升的关键技术。以高效、节能、环保和安全为目标，推动渔船及船用装备的更新、改造和升级，逐步实现渔船的专业化、标准化、现代化，提升渔船装备水平。

材料新材料化

中国传统渔船材料是木材，木质渔船存在许多缺点，且木材不足，从国家环保利益出发不宜继续发展木质渔船，发展玻璃钢渔船是比较理想的选择。

玻璃钢渔船与木质渔船和钢质渔船相比，其具有使用寿命长、维修费用低、节能效果显著、综合经济效益好等优点。木质渔船装备简陋、技术落后，存在着耗能高、生产效率低、排放高、安全性低等缺陷。要加速实现渔业现代化，就必须加快实现渔船玻璃钢化。

新造的玻璃钢扇贝养殖捕捞船

玻璃钢渔船由于船体材料比重轻，整体成型，船体表面光滑，阻力小、航速快，玻璃钢导热系数低，保温隔热性能好，综合节能效果显著，比木质渔船节能 15% 以上，比钢质渔船节能 10% 以上，还减少了废气排放。因此，推广应用这一船型是国际上公认的实现渔业节能减排最有实效的方法。每年钢船维修除锈、木船捻船油灰，会产生大量的废弃物，这些废弃物被抛入海洋及滩涂，造成了渔港水域、海岸、滩涂环境严重污染。

海洋捕捞业属于高风险行业，在海洋捕捞作业中，80% 的沉船事故都发生在木质渔船上。玻璃钢渔船由工厂模具生产，一次成型，船体强度高、空船重心低，横摇周期短（2~3 秒）、稳性好，抗风能力强，再加上新型玻璃钢渔船可以实现统一配套液压起网机械和安全导航系统，既可以保障渔船渔民的安全，又可以降低渔民的劳动强度。

建造规范化

建造“安全、节能、经济、环保、适居”的钢质、玻璃钢渔船，提升渔船及装备水平已成为海洋渔业行业的共识。

以广州为例，在渔船建造的新技术方面，主要表现在：建造超低温金枪鱼延绳钓船、金枪鱼围网船、大型拖网加工船替代老旧渔船；建造标准化、专业化鱿鱼钓船，推动鱿鱼钓船更新和升级换代；适量建造专

业低温金枪鱼延绳钓船及秋刀鱼捕捞船，增强资源开发能力；推动过洋性作业渔船更新改造，鼓励符合条件的国内近海捕捞渔船经改造后从事远洋渔业生产，发展符合国际市场准入标准要求及双边入渔协议的新型专业化渔船，改善过洋性渔船装备；逐步淘汰双拖网渔船等对资源造成较大破坏及国际上限制发展的渔船；发展节能环保安全型渔船，提高玻璃钢渔船制造工艺和实际应用水平；鼓励国内大型船舶制造企业参与远洋渔船建造。依据国内外资源渔场的变化情况，共同开发船、机、桨、网具互相配套的新型节能渔船。

延伸阅读

现代化渔船捕捞野生北极虾

北极虾又名北极甜虾，又称冷水虾，产于北大西洋和北冰洋海域。北极虾因为产于高纬度海域，生长在距海平面

200~250 米的冰冷深海，生长速度缓慢，肉质比较紧密，个体也比一般暖水虾要小，平均规格在每千克 200 头左右。

北极虾一年 12 个月都可以捕捞，因此可以全年供应市场。捕捞北极虾使用的是大型的现代化渔船，主要捕捞国家和地区有加拿大、格陵兰、冰岛、挪威等。北极虾捕捞上来时是带籽的，捕捞上船 1~2 小时，被立即在船上煮熟，并立即冷冻和装箱储存，每箱 5 千克。在船上加工好的北极虾，经过冷藏集装箱运输，销往世界各地，再通过批发和零售渠道，进入老百姓的家庭和饭店酒楼。因为捕捞上来后被立即煮熟和冷冻，因此北极虾虽然经过长途运输，但仍然质量很好、很新鲜。

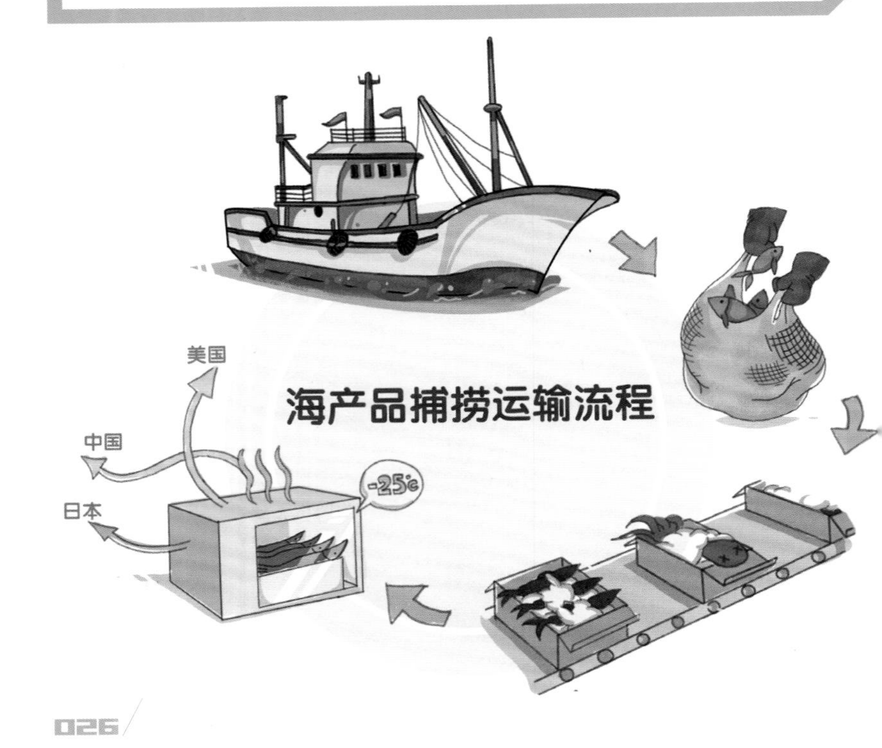

2 现代化捕捞设备

捕捞装备主要是围绕渔船作业方式来匹配的。目前，国内渔船的作业方式主要是：拖网、围网、流网、张网、延绳钓、鱿钓等。拖网以底拖网为主，围网以中小型围网为主，流网和张网以群众性渔船为主，延绳钓以金枪鱼延绳钓和延绳笼为主，鱿钓以远洋作业为主。目前我国绝大部分作业渔船船龄都较长，其配备的捕捞装备和助渔导航等设备都相对落后；拖网作业的捕捞设备绞钢机，虽然已采用液压传动技术，但在控制技术方面和自动化方面的技术水平还相对落后，产品规格也相对较小，适合于更大型拖网渔船的绞钢机，仅有捷胜在引进国外技术合作生产。我国围网作业的捕捞装备主要为绞钢机、动力滑车、舷边滚筒、尾部起网机、理网机；另一种被称作多滚筒的围网起网机，虽然已研制成功，但却由于作业习惯的问题还没有得到推广。一般国内围网渔船的捕捞装备是采用部分机械化设备，许多作业程序还是依靠人力完成，自动化水平相对较低。各方面的技术都反映出我国渔船及捕捞装备的技术水平与渔业发达国家相比还有很大差距。

渔具趋于大型化

随着渔船大型化的发展，所使用的网渔具主尺度和网目尺寸也越来越大。为捕捞中、上层鱼类资源，渔业发达国家大力发展围网渔船与延绳钓渔船。此外，在发展捕捞中、上层鱼类渔船的同时，积极发展中、上层渔业的加工业，如金枪鱼的冷冻、加工技术及相应的船上配套设备。

我国金枪鱼延绳钓等部分产品在国内外拥有良好的声誉。国产渔业捕捞设备产品被广泛应用于各种类型的捕捞作业和渔业辅助船舶，可以为大型金枪鱼围网、大型拖网、金枪鱼延绳钓、灯光鱿鱼钓、深水拖

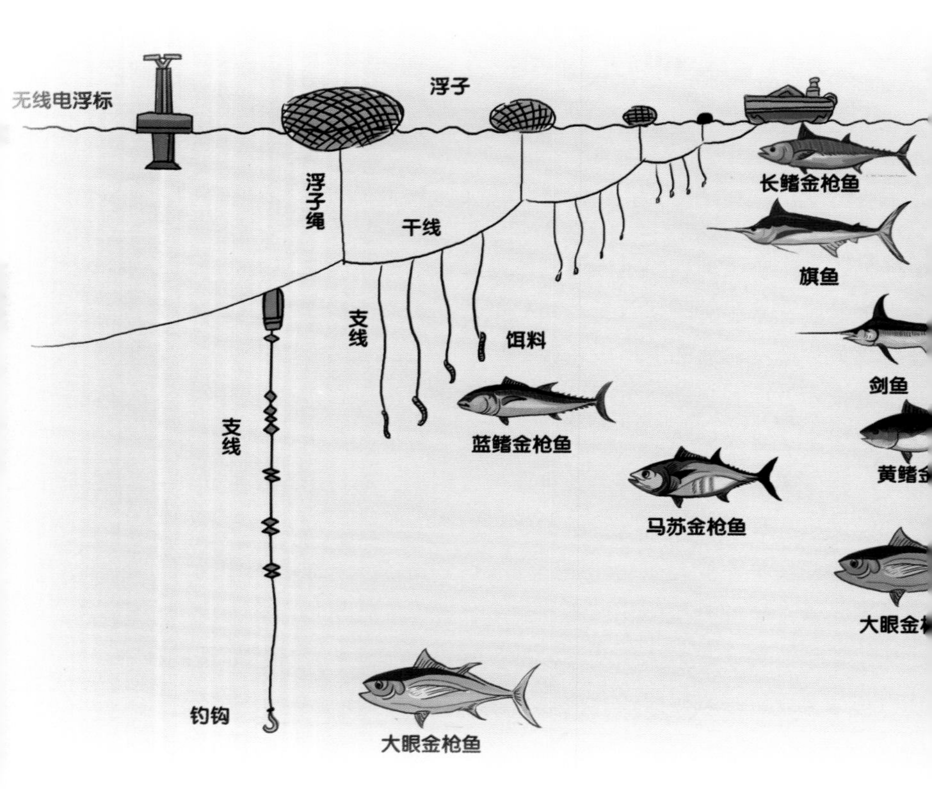

网、灯光围网、秋刀鱼舷提网等渔船提供成套捕捞装备，并能提供相应的捕捞技术支持。

我国渔船船型正在改变以往拖网渔船单一模式，为适应渔场的变化，已开始发展多种作业船型，如围、钓渔船。

装备标准化

捕捞装备标准作为渔业标准化体系的重要组成部分，在促进捕捞机械技术改进、规范市场、提高我国渔业捕捞生产能力与竞争力等方面发挥了重要的作用。捕捞装备标准的基础是捕捞机械技术，将新技术转化为标准，可显著地扩大其推广应用的覆盖面，减少风险，增加效益，促进渔业的发展。并且，标准化又是新技术的体现形式之一，标准化对科技创新有强有力的推动作用。捕捞机械是渔船上为配合捕捞生产而配备的专用机械，按渔船作业方式可分为拖网、围网、流刺网、定置网和钓具等捕捞机械。

机械自动化

随着海洋渔业船只从木帆渔船向机帆渔船和钢质渔船转型的生产进步，捕捞机械的研究在个别进口仪器或设备的基础上开始起步。

拖网捕捞机械：拖网捕捞是产量最高的捕捞方式，使用简易的液压绞钢机和新型高效拖网网板，加大对整船捕捞装备集中控制应用，使用声呐、网位仪等先进的仪器来高效精准捕捞。

围网捕捞机械：围网捕捞是以长带形或一囊两翼形网具包围鱼群进行选择性捕捞的作业方式，是目前世界海洋捕捞的主要作业方式之一。围网捕捞机械主要为绞钢机、动力滑车、舷边滚筒、尾部起网机、理网机等。

钓具捕捞机械：钓具使用机动灵活，渔获物多为成鱼且质量较好，有利于保护幼鱼，是大力支持发展的捕捞方式，并不断进行改革创新，注入科技含量，以提高捕捞效率。

技术现代化

科学技术的发展，推动捕鱼技术步入了高科技时代。

在世界海洋捕鱼业中，除了改进传统的渔具渔法来提高捕鱼效率之外，还采用了现代化的捕鱼技术。新装备、新技术不断引进到渔船上应用。装备有全自动鱼类处理系统的捕捞船，鱼能被准确定位，其中的去头吸内脏机精确有效地去除鱼头和鱼尾，鱼片机则配有视觉系统，鱼腹切割设备和刷洗系统也非常先进。

大型渔业企业加大技术投入，研制出远洋围网高效捕捞成套装备，包括落地式起网机、动力滑车、并列式双滚筒起网绞机、液压离合器泵站、液压集中操作遥控系统；采用负载敏感调速技术，提高了系统设备操作的协调性和自动化水平。

材料高强化

世界渔具各式各样，渔具材料种类也很多。在渔业上广泛使用的合成材料有聚乙烯、尼龙、聚丙烯、聚氯乙烯、聚酸。随着化工业的进步，渔船拖力、网具度和网目尺寸的增大，渔网材料正向高强度发展，以适应捕鱼的需要。中、小型渔船广泛应用玻璃钢材质。近年各国玻璃钢渔船得到迅速发展，并拥有了不少主尺度较大的玻璃钢渔船。为防止渔船报废时的污染，也有一些国家开始建造铝合金渔船，这也是渔船材质选择的新动向。

渔业技术的国际化交流也日益频繁。一些国家和地区研发了具有很强实用价值的数学分析模型和软件，对卫星和实船每隔数小时测量的水温数据进行分析，可随时随地掌握水温、浮游生物状态、洋流方向及涌升流等实时海况，帮助渔船准确判断渔场位置，大大提高了生产效率。日本企业还在中国市场大力推广其研发的潮流计、探鱼仪、探鸟仪、水下扫描雷达等先进的电子技术设备。

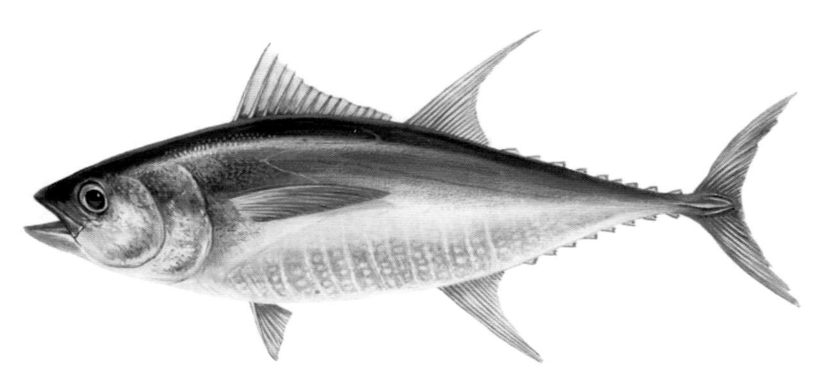

金枪鱼

3 助渔和导航设备

助渔和导航仪器用于探测鱼群或辅助捕捞操作，主要有垂直探鱼仪、渔用声呐、网情仪、双拖渔船船间距离计、拖网曳纲长度张力仪、雷达浮标及其接收器等。助渔仪器与导航仪器等结合起来形成综合助渔系统。有的渔业调查船把探鱼和网具监测信号与渔船驾驶、推进系统、渔捞机械结合起来，实现了拖网自动控制。渔船上的导航通信仪器种类与其他种类的船相仿，只是要求体积更小、质量更轻。

远洋探鱼仪

垂直探鱼仪

垂直探鱼仪是利用超声波回声原理探测渔船下方鱼群的仪器。探鱼仪主要由发射器、换能器、接收器和记录显示器等部分组成，探鱼深度可达 1 000 米。

利用超声波换能器发射信号，通过空气或水的传播，利用超声波在水中接触物体反馈回来的信号，通过声音的传播和反射来确定物体的距离和形状，直接探测和识别水中的物体和水底的轮廓，传感器发出强声波，探测器利用返回的波形定位置，液晶屏实时显示鱼群的现状，让捕鱼者能够准确地判断鱼及鱼群的多少和深度。随着电子技术的进步，探鱼仪的功能正在不断扩展，已对回波采用彩色显示和微机处理，并将日益智能化。现代探鱼仪已备有计算机，具有记忆、储存、分析等功能。

渔用声呐

声呐是利用声波发现水下目标的设备。渔用声呐是一种能辐射状（水平面）搜寻目标的设备，专供渔船对鱼群进行搜索、跟踪、识别、定位和测距，实现瞄准捕捞。

声呐向海水中发射超声波并接受其产生的反射波，利用反射回来的超声波发现目标。声呐如同雷达一样，搜寻在本船四周的鱼群，并能知道它们的分布及密度。声呐被用于诸如中大型围网渔船、远洋围网渔船、金枪鱼船和秋刀鱼船，声呐在拖网和围网渔船用户中有着很高的赞誉。

渔用声呐由发射器、接收器、终端显示器、换能器基阵等组成，其工作原理与垂直探鱼仪相似。所不同的是：垂直探鱼仪只提供渔船垂直下方的鱼群信息，而渔用声呐能实现对渔船周围各方向的探测，可提供鱼群的方位、距离、深度、游速等多种信息，其作用距离要求尽可能远，分辨率要求尽可能良好。由于渔用声呐的声波传播途径比较复杂，受海况影响较大，且因各种鱼群的集群性和对声波的反射特性又有很大差异，故其结构要比垂直探鱼仪复杂得多。目前能达到的有效探鱼距离在浅海区一般为 1 000 米左右，在深海区可达数千米。

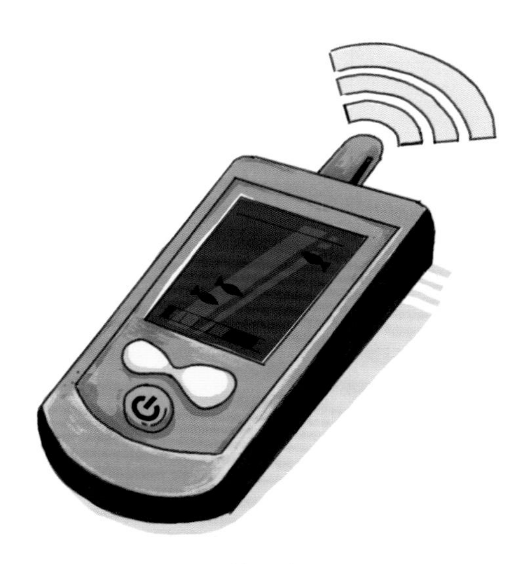

渔用声呐

网情仪

网情仪用于检测捕捞过程中渔网网深、网口高度、网口扩张等网情参数和网口附近鱼群分布、网内渔获量等鱼情的仪器。它把检测到的网情、鱼情信息提供给作业船，以便合理调整网具，提高捕捞效果。

网情仪的研制始于20世纪50年代，可应用于拖网和围网作业。60年代研制成借助超声波检测、传递网情信息的网情仪，用于中层拖网捕捞和瞄准捕捞。如围网网情仪，是利用压敏原理，在围网底部安装发射频率随深度呈线性变化的水密宽声束检测－发射器，在作业船上安装接收－指示器接收信号。可根据需要选用多组具有不同工作频率的发射器、接收器。把发射器安装在不同网位上，就可及时了解放网过程中的周围网形及网的沉降速度。

“北斗”卫星导航定位

随着大马力渔船逐渐增加，作业区域不断扩大，渔船逐步安装了“北斗”卫星导航定位系统。

“北斗”卫星导航定位系统由我国自行研制，其海上的定位精确度由原来的10米提升至1米，通过系统可以实时跟踪船舶航行轨迹，实时显示具体位置、航行速度、对地航向等船舶动态，实时传送船舶数据信息等功能，实现了对船舶的“动态化、可视化、信息化、预警化”管理。在船舶航行、海上搜救等需要高精度导航定位服务的领域发挥了巨大的作用。

卫星导航定位系统对远海捕捞的渔船来讲，是非常重要而且不可或缺的。当渔船在海上发生故障，危急时刻，船员可迅速通过卫星导航系统发出求救信号，相关部门可快速确定渔船具体方位，派出人员紧急赶往现场，顺利实施救援。

“北斗”卫星导航定位系统稳定的信号和精确的定位不仅为出海渔船装上了“千里眼”和“顺风耳”，更织了一张庞大的海上救助“安全网”，渔政、海警、海事等部门可全方位、全天候与渔船保持通信联系，使海上救助更加高效和安全，最大限度为营救争取宝贵时间，保障渔民安全。

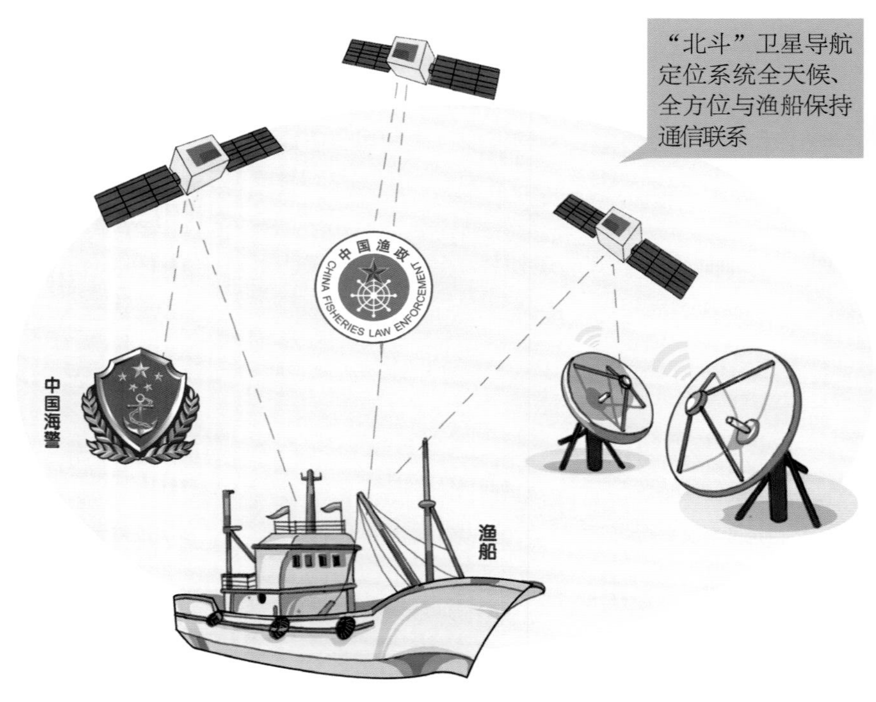

卫星导航定位系统

小知识

玻 璃 钢

玻璃钢（FRP）亦称作GFRP，即纤维强化塑料，一般指用玻璃纤维增强不饱和聚酯、环氧树脂与酚醛树脂基体。以玻璃纤维或其制品作增强材料的增强塑料，称玻璃纤维增强塑料，或称玻璃钢，其质轻而硬，不导电，性能稳定，机械强度高，回收利用少，耐腐蚀，可以代替钢材制造机器零件和汽车、船舶外壳等。

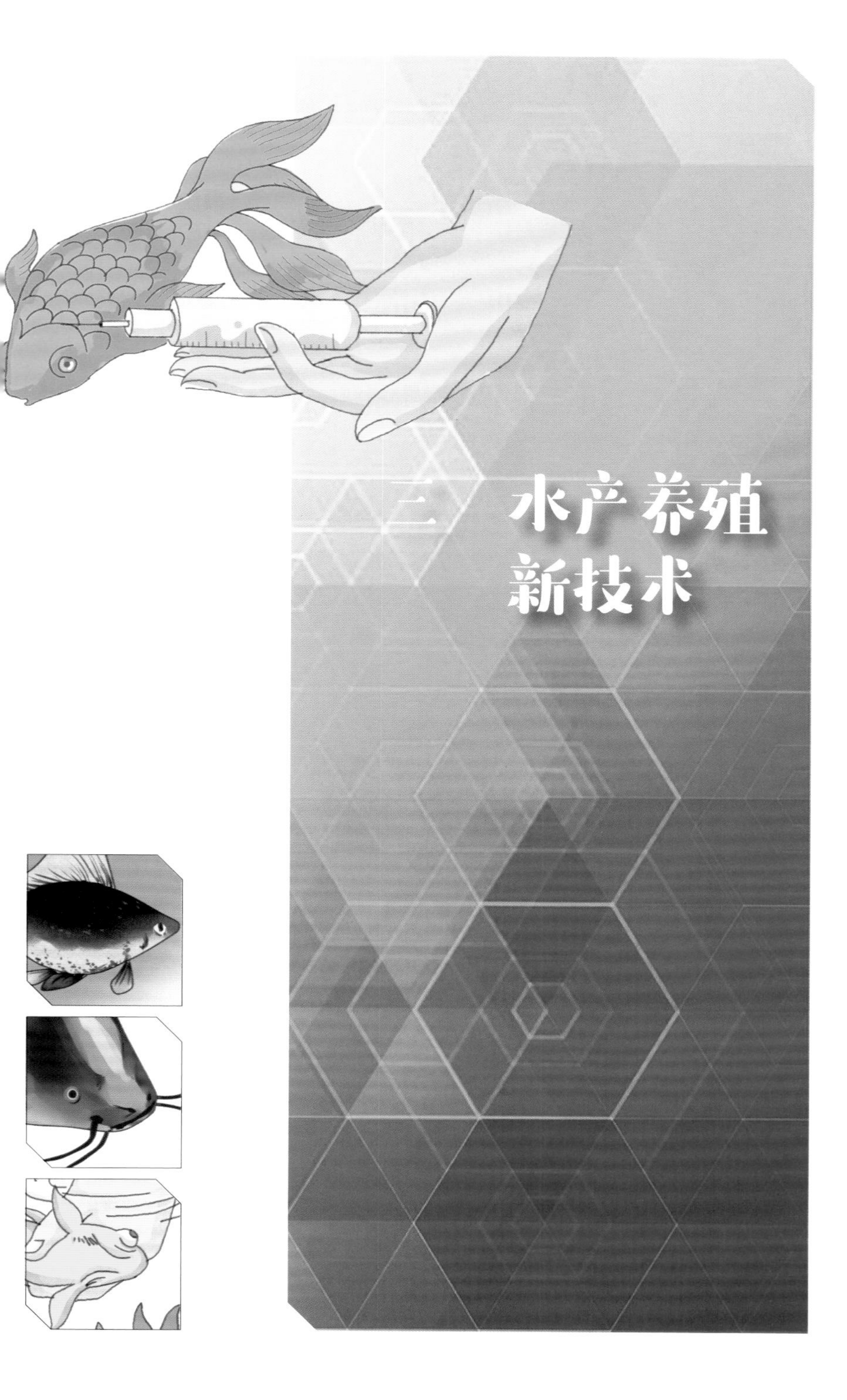

三　水产养殖新技术

中国是水产养殖文明古国，公元前1 000多年就开始池塘养鱼，公元前460年即有范蠡的《养鱼经》，那时主要养鲤鱼，养鲤方法还传到了欧洲。

当时有人问范蠡："你靠什么发家致富？"范蠡说："我致富的方法很多，其中最重要的一种方法就是养鱼。"他说："鲤鱼个头大，易繁殖，如果与鳖混养，更易生长。"果然，范蠡依靠养鱼，累积家财千万，后人将范蠡谈论养鱼致富的故事和说法编写了一篇只有400字的《养鱼经》，成为中国水产养殖业的一篇重要文献。

渔业技术在传统的经典文献里也多有记载。

老子《道德经》："授人以鱼，不如授之以渔，授人以鱼只救一时之急，授人以渔则可解一生之需。"中国的汉字，有着丰富的内涵及外延，"渔"在古代指捕鱼技术，随着时代的发展，现代渔业更包含水产养殖事业。

但在唐朝，鲤鱼既不准吃也不准卖，因为皇家姓"李"。沿江的养鱼百姓只好从江中捕捞其他鱼苗放到池塘中试养，逐渐选出青鱼、草鱼、鲢鱼、鳙鱼等主养种类。这4种主养鱼后来被称为"四大家鱼"。

最早养的是鲤鱼，因为鲤鱼是定居生活的习性，可以在池塘中完成繁殖、生长、越冬整个生活史。而"四大家鱼"不一样，在食物充足的通江湖泊生长发育，性成熟后需要进入江河，回溯到产卵场产卵，受精卵随水漂流、孵化，幼鱼再回到湖泊生长发育，只能依靠从江中捕捞鱼苗开展养殖。

要大力发展水产养殖，首先要解决鱼苗来源，最好能够人工繁殖，大量生产，同时选育良种，科学饲养，才能优质高产。

1 人工繁殖技术

实现家鱼的全人工繁殖，有两点是关键的：一是池养亲鱼的性腺发育要达到可催情的阶段；二是注射激素进行催情，免除在江河中回溯经受涨水等刺激，直接诱使性腺完全成熟，产卵或排精。以前一直以为池养家鱼性腺不能良好发育，自 20 世纪 50 年代中期以后，通过对家鱼性腺发育的观察逐渐发现这是一个错误的认识。在产卵阶段，一定的温度和氧浓度是必需的，流水条件可提高氧浓度并有刺激强化作用，但真正核心的技术是使用催产剂。

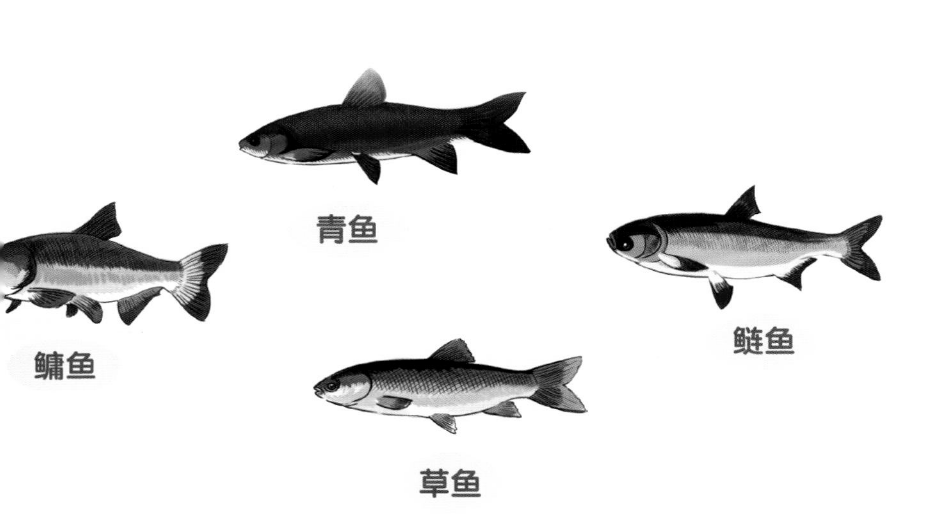

中国家鱼人工繁殖的成功，发展出适用于我国“四大家鱼”的人工繁殖技术。现今，我国淡水鱼养殖产量在世界上占到 2/3，“四大家鱼”又占中国淡水鱼产量的一半。

流水刺激产卵

鱼类自然繁殖是在水温、水流、溶解氧、光照、水位变化，以及性引诱和卵的附着物等外界条件制约下进行的。当这些生态条件综合作用下刺激成熟亲鱼的感觉器官时，鱼即产生冲动，并通过神经纤维传入中枢神经，刺激下丘脑促使释放激素，使脑垂体间叶分泌促性腺激素，使卵细胞发生显著变化。在卵细胞成熟变化过程中，滤泡膜破裂并进行排卵和产卵；雄鱼的精液量显著增加，并出现性行为。由于池塘内缺乏相应的鱼类繁殖生态条件，不能适度地刺激亲鱼的下丘脑，从而不能促使亲鱼的垂体分泌一定浓度的性腺激素，使亲鱼自然产卵。因此，人工繁殖的要领就在于将催情剂（如鱼的脑下垂体抽提液、人绒毛膜促性腺激素或促黄体生成素释放激素类似物）注入鱼体，达到诱导亲鱼发情、产卵或排精的目的。

人工授精技术

人工授精是用人工方法采取成熟的卵子和精子，将它们混合后使之完成受精过程。人工授精，能弥补自然受精的不足，提高精子和卵子的利用率。进行人工授精，需要密切观察发情鱼的动态，当亲鱼发情至高潮即将产卵之际，迅速捕起亲鱼采卵采精，并立即进行人工授精。

干法人工授精：将普通脸盆擦干，然后用毛巾将捕起的亲鱼和鱼夹上的水擦干。将鱼卵挤入盆中，并马上挤入雄鱼的精液，用羽毛搅动，使精卵充分混匀；再加少量清水拌和，静置 2 ~ 3 分钟，慢慢加入半盆清水，继续搅动，使其充分受精；然后倒去浑浊水，再用清水洗 3 ~ 4 次，待卵膜吸水膨胀后移入孵化器中孵化。

湿法人工授精：脸盆内装少量清水，由两人分别同时将卵和精液挤入盆内，同时由另一人用羽毛轻轻搅动或摇动，使精卵充分混匀；后面的操作同干法人工授精。

半干法人工授精：是先将精液挤入盆中，用生理盐水稀释后，再与挤出的卵混合进行授精的方法。

上述方法中最常用的是干法人工授精。值得注意的是，亲鱼精子在淡水中存活的时间极短，一般在半分钟左右，所以需尽快完成全过程。

金鱼人工授精繁殖的操作

带水授精：用一个大口浅底白盆，盛放1/2的清净晾晒过的自来水，并放适量的金鱼藻束，令其漂浮在水中。然后，左右两手在水中各提确定的标准亲鱼，让它们泄殖孔相对，并以大拇指轻轻挤压雄鱼腹部，挤出乳白色精液，同时，另一手的大拇指也轻轻挤压雌鱼腹部，挤出成熟的鱼卵。精子与卵子在水中完成受精过程，这时的受精卵会立刻黏附在水草上。为了保证受精卵正常孵化，应该马上把黏附鱼卵的水草，移入另一个条件更好的水体中去孵苗。

离水授精：取出已确定标准的雌、雄亲鱼一对，用柔软的纱布把鱼体擦干，用拇指轻压雄鱼腹部，挤出精液放在干燥的玻璃容器中，然后迅速地用拇指挤压雌鱼的腹部，把成熟卵子挤入盛有精液的玻璃容器中。同时，取一根干的羽毛，把精卵相互搅拌。再将已受精的卵泼到鱼巢上，受精卵遇到水就产生黏性，会立刻黏附在水草上，而后再送去孵化。离水授精，一尾雄鱼的精液可以供多尾雌鱼的卵受精，能充分节省雄鱼用量。

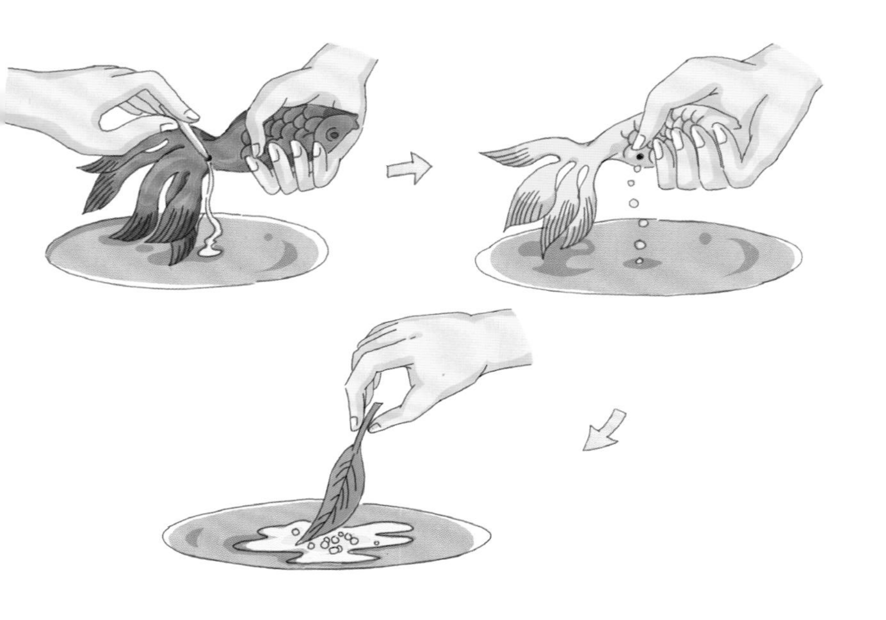

繁殖控制技术

尼罗罗非鱼原产于尼罗河水系，是联合国粮农组织向世界各国推荐的鱼类良种，具有耐低温（下限 8℃，上限 42℃）、耐低氧、抗病力强、食性杂、肉白厚实、肉质鲜嫩、无肌间刺等优点，受消费者欢迎。但因其性成熟早，繁殖力强，养殖中常出现密度过大、商品规格小的情况。同时，因其繁殖速度快，在封闭水域养殖过程中，极易种群失控而导致生态环境恶化，影响养殖效果，因此，寻求控制繁殖过度的方法，是提高尼罗罗非鱼养殖效益的关键技术举措。

养肉食性鱼类：放养一定数量肉食性鱼类消耗小尼罗罗非鱼，不仅可以提高上市规格，还可额外收获一些肉食性鱼类。但是，肉食性鱼类的猎食对象不完全是靶向性，一般混养肉食性鱼类的作用往往不尽人意。

放养单性鱼：采用种间杂交方法获得全雄性种群。采用尼罗罗非鱼（♀）作母本，奥利亚罗非鱼（♂）作父本，配组杂交，可产生全雄性后代，雄性率可达 95% 以上，且具显著的杂交优势，值得推广。单性养殖是控制罗非鱼繁殖退化，提高养殖经济效益行之有效的也是最有推广价值的方法。

尼罗罗非鱼

网箱养殖：网箱养殖可控制罗非鱼的繁殖，但受养殖水体条件限制难以推广。

2 良种选育技术

改良鱼类的遗传性，培育遗传性稳定的优良品种，是一个复杂而耗时的过程。随着现代高新技术的不断发展，常规育种技术将与现代生物技术进一步结合，水产育种技术的发展方向也是种内选育、种间杂交育种等常规技术与现代生物技术的进一步结合。随着雌核发育、性别控制、多倍体育种、核移植、转基因等技术的应用越来越广泛，使传统育种技术得到不断改进提升，多种技术的有机结合，使新品种的快速定向培育更加精准，育种效率不断提高。

多代定向选育

选择育种又称系统育种，是鱼类育种最基本、最常规的手段，对水产养殖生产影响最大的是鲤科、鲑科鱼类及罗非鱼等种类的开发和选育。

选育即选种，是人们利用生物固有的遗传变异性，遵守预定的育种目标选优去劣，从集体中把优质的个体选拔出来当作种用，使后代集体得到遗传改良。选种的基本要点是选择可遗传的变异性状，把涌现合乎人们意愿性状的个体选作亲本，并在相传的世代中延续不变地遵守同一育种目标。鱼类通常多世代选育一个优质品种，需 10~20 年，如上海水产大学选育的团头鲂浦江一号新品种，就用了 15 年时间。

团头鲂浦江一号与普通团头鲂对照

鱼类选择应该用一些经济性状上比较重要的、选择的遗传效果比较显然，并且比较容易涌现的性状作为主要依据。经济性状主要从食用价值、食用营养成分对人类安全健康，延年益寿的角度来衡量；抗逆性状主要从抗寒性强（如异育银鲫）、发病率低（如虹鳟）、抗病性强（如青鱼、鲤鱼）及对不良环境的忍耐力和在其余庞杂生存条件下的适应等方面进行选择；发育性状主要从体型、体重、肥满度、体质及性成熟期等方面进行选择；综合性状主要从体型、外貌、体质健康、集体情况及有无异常等方面进行选择。

选育的方法比较多，最基本的是个体选育和集体选育。

个体选育就从混杂有不同类型的集体中选出优质的个体，此后遵守个体建立家系，再选择优质性状家系作为滋生后代的亲本，由此逐代提高品种的遗传综合性，即能培养出具备巩固优质性状的新品种。

集体选育（混杂选择）是分阶段、多世代（至少 4 个世代）引进原种培养滋生集体，人工滋生鱼苗；池塘分级饲养，逐级筛选，大规格育种；湖泊等大水面生态养殖培养后备亲鱼。在人工滋生鱼苗阶段，关键是选择滋生亲本，制止逆向选择，避免兄弟交配；在培养大规格育种阶段，关键是在每个生长时段，都要遵守混杂选择技术要求，逐级筛选，优胜劣汰；在培养原后备亲鱼阶段，关键是采取生态养殖技术，稀放速长，利用天然饵料为主，遵守种质标准，每年进行一次选择，选优汰劣。

杂交育种

杂交育种是将两个或多个品种的优良性状通过交配集中在一起，再经过选择和培育，获得新品种的方法。杂交育种并不产生新基因，而是将双亲的基因重新组合，建立符合人们意愿的基因型和表型。正确选择亲本并予以合理组配是杂交育种成败的关键。杂交育种技术在品种改良和生产实践中发挥了巨大的作用。传统的杂交育种方法具有周期长、投资大、费时费力等缺点，而现代分子生物学技术，特别是分子辅助育种已成为有效的育种工具。传统的育种方法与分子标记辅助育种相结合是水产养殖育种的必然趋势。

在杂交育种中应用最为普遍的是品种间杂交（两个或多个品种间的

杂交），其次是远缘杂交（种间以上的杂交）。我国自 20 世纪 70 年代以来，在鲤鱼各品种间进行了 70 多个组合的杂交实验，获得了丰鲤、荷元鲤、岳鲤、芙蓉鲤等杂交新品种，成为淡水鱼类中新的养殖对象，取得了明显的经济效益。我国淡水鱼类的远缘杂交组合有近百种，有较好的效果，曾有过生产性应用的是鳊鲂杂种、鲴类杂种、鲢鳙杂种、鲤鲫杂种等少数几个杂交组合后代。由此可见，并非所有的杂交都能创造好品种，只有付出艰辛的探索才能取得理想的结果。

丰鲤（兴国红鲤♀ × 散鳞镜鲤♂）

杂交种质优势往往表现于有经济意义的性状，因而通常将产生和利用杂种优势的杂交称为经济杂交。目前，鱼类杂交育种应用得最多的是经济杂交，以子二代开始逐渐衰退，如果再让子二代自交或继续让其各代自由交配，结果将是杂合性逐渐降低，杂种优势趋向衰退甚至消亡。

在渔业生产上，杂种优势的利用已经成为提高产量和改进品质的重要措施之一。经过国家鉴定并大力推广的杂交品种有荷元鲤（荷包红鲤♀ × 元江鲤♂）、丰鲤（兴国红鲤♀ × 散鳞镜鲤♂）、芙蓉鲤（散鳞镜鲤♀ × 兴国红鲤♂）、岳鲤（荷包红鲤♀ × 湘江野鲤♂）、中州鲤（荷包红鲤♀ × 黄河鲤♂）、福寿鱼（莫桑比克罗非鱼♀ × 尼罗罗非鱼♂）。杂种优势的利用可以带来巨大的经济效益，如丰鲤不仅生长速度比亲本快50% 左右，而且具有较高的抗病力和起捕率，已在全国推广养殖；又如莫桑比克罗非鱼个体年增长量为 140 克，每公顷年产量仅 2.5 吨，而其杂交种福寿鱼个体年增长量达 790 克，每公顷年产量提高到 60 吨，而且在体型、肥满度、成活率、耐寒性等方面均表现优良。

杂交育种，选择亲本是关键，首先要尽可能选用综合性状好、优点多、缺点少或优良性状能互补的亲本，同时也要注意选用生态类型差异较大、亲缘关系较远的亲本杂交。亲本确定以后，采用什么杂交组合方式直接关系育种的成败，通常采用的有单交、复合杂交、回交等杂交方式。

单交：两个品种间杂交（单交）用 X×Y 表示，其杂交种质后代成为一代杂种，例如方正银鲫（♀）× 兴国红鲤（♂）杂交的种质。由于简单易行，好操作，所以生产上应用最广，一般主要是利用杂交种质第一代，如异育银鲫、荷元鲤。

复合杂交：两个以上的品种，经两次以上杂交的育种方法。如果单交不能实现育种所期待的性状要求时，就采用复合杂交，其目的在于创造一些具有丰富遗传基础的杂种原始群体，才可能从中选出更优秀的个体。复合杂交可分为三交、双交等。三交是一个单交种与另一品种的再杂交，可以表示为（X×Y）×Y。例如，（荷包红鲤 × 元江鲤）× 散鳞镜鲤 = 三交鲤；双交是两个不同的单交种的杂交，可表示为（A×B）×（C×D）或（A×C）×（B×C），例如，（奥本罗非鱼 × 尼罗罗非鱼）×（莫桑比克罗非鱼 × 尼罗罗非鱼）。

回交：杂交后代继续与其亲本之一再杂交，以加强杂种世代某一亲本性状的育种方法。当育种目的是企图将某一群体 B 的一个或几个经济性状引入另一群体 A 种群，则可采用回交育种，如丰鲤 ×（兴国红鲤 ♀ × 散鳞镜鲤♂）回交育种。如鲮鱼具有许多优良性状，但不能耐受低温，需要进行遗传改良，可以用耐受低温的湘华鲮进行多次回交，对回交子代选择的注意力必须集中在抗寒性这个目标性状上，从而最终育成一个抗寒性优良的鲮鱼新品种。

雌核发育

鱼类雌核发育可分为天然雌核发育和人工雌核发育。鱼类雌核发育对当前鱼类育种工作具有很重要的应用价值，利用这种技术，可以快速建立纯系、稳定杂种优势及提高选择效率。

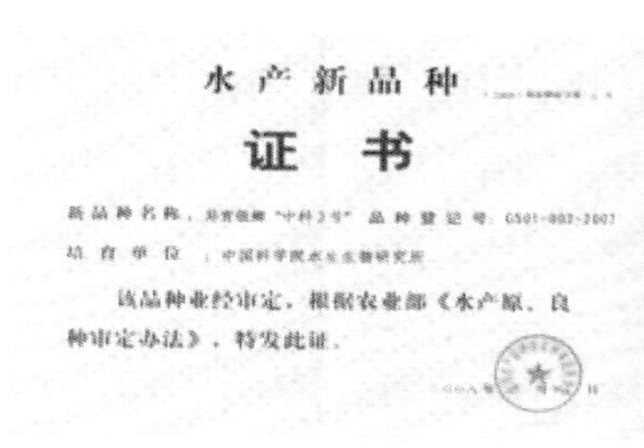
水产新品种

证 书

新品种名称：异育银鲫"中科3号" 品种登记号：GS01-002-2007

培育单位：中国科学院水生生物研究所

该品种业经审定，根据农业部《水产原、良种审定办法》，特发此证。

异育银鲫

雌核发育是无性生殖的一种，指卵子依靠自己的细胞核发育成个体的生殖行为。同种或异种精子进入卵内只起刺激卵子发育作用，不形成雄性原核和提供遗传物质，其子代的遗传物质完全来自雌核。因此，雌核发育产生的后裔全部为雌性，只具有母本的性状。鱼类育种存在的天然雌核发育已确定的有 4~5 种，如黑龙江银鲫、滇池高背鲫等。人工雌核发育用 γ 射线、X 射线或紫外线照射精子，使精子遗传失活，不能与正常的卵受精。卵在人工条件下（温差、化学刺激等）得以发育为正常个体。目前，国内外已有 20 多种养殖鱼类人工诱导雌核发育成功，我国对鲤鱼、鲫鱼、草鱼、鲢鱼等人工诱导雌核发育已取得了一定成就。中国科学院水生生物研究所以黑龙江省的方正县双凤水库天然雌核发育的方正银鲫为母本，与江西省兴国红鲤杂交，用人工授精方法获得的异精三倍体雌核发育的子代，培育出“异育银鲫”新品种。异育银鲫生长速度比母本方正银鲫平均快34.7%，比普通鲫鱼快2~3倍，具有食性广、生长快、疾病少、适应性强、成活率高等优点，而且肉质鲜美、营养丰富，已在全国大多数省市推广养殖。

雌核发育在鱼类育种中应用前景广泛。首先，能快速获得鱼类纯系，由于人工雌核发育的遗传基础均来自母本，因此，其后裔具有很高的纯合性。一次人工雌核发育的纯度相当于连续四代的兄妹近交，人工雌核发育二代相当于连续八代的近交。因此，任何鱼类只需经过一次雌核发育，其子代再经过一次雌核发育，就可以作为纯系亲本用于育种生产。在杂交育种时，由于杂种后代不断分离，要获得一个稳定的品种需要很长的时间。如果利用杂交子一代或杂种子二代的卵子进行雌核发育，只需二代或三代就可以获得纯系，使性状一致并保持稳定。其次，雌核发育的后代全为雌性，这为控制单性养殖开辟了新途径。此外，雌核发育应用在生产上还可以提高产量，最能说明雌核发育作用的就是异精雌核发育的养殖新品种——异育银鲫。

异育银鲫的外形似银鲫，可依据体型较高、侧线鳞平均值在30以上作为其外形特征。异育银鲫具有特殊的繁殖方式——异精雌核发育，兴国红鲤精子在方正银鲫卵质中不形成雄性原核，也不与雌性原核配合。由此发育成的异育银鲫，既保持了银鲫的优良性状，又从亲本（红鲤）获得了生长优势，其子代仍以同样方式繁殖，几乎不发生性状分离现象。

性别控制

在水产养殖动物中，由于性别不同而表现出生产速度不同是比较常见的生物学现象。养殖者则往往希望养殖生长较快的性别占优势种群，以最大限度地提高经济效益。例如，中国对虾在体长10厘米以后，雌虾生长速度明显快于雄虾；牙鲆在2龄鱼以后，雌鱼的生长速度明显加快；而在某些鱼类则是雄性个体生长快于雌性，如罗非鱼。因此，用生物学技术或其他相关技术手段，能达到提高产量和增加经济效益的目的。

鱼类的性别决定机制具有原始性与多样性的特点。虽然性别大体由受精卵的遗传基因决定，但是在一定程度上仍然受发育环境条件即生态环境及性激素的影响。因此，可以通过采用人工的方法改变鱼类性别分化方向，促使其性别的转化，从而获得所需性别的鱼类。

鱼类性别控制育种，对水产养殖来说，具有重要的实用意义，人们可以根据需要专门生产全雌或全雄苗种进行单性养殖以提高经济效益。

提高生长速度。不少鱼类雌雄之间在生长速度上有明显差别。罗非鱼类雄鱼比雌鱼长得快，而鲤鱼、鲫鱼、草鱼和鳗鲡等是雌鱼比雄鱼长得快，鳗鲡在体长达 40 厘米以后，雌鱼生长速度明显加快。对于雄鱼、雌鱼生长速度不一样的鱼类，通过性别控制，进行单性养殖将会提高产量，降低生产成本，获得最佳经济效益。

尼罗罗非鱼（♀）× 奥利亚罗非鱼（♂）= 奥尼鱼

控制繁殖过度。对于性成熟周期短、繁殖力强的鱼类，可通过单性养殖控制其过度繁殖，避免幼鱼与商品鱼争夺饲料。如罗非鱼，生命力强，食性广，生长快，是世界性的养殖鱼类，但由于成熟早、繁殖快(莫桑比克罗非鱼 3~4 个月就性成熟，每隔 25~40 天产卵一次)，在池塘养殖中往往自行繁殖过量，密度过大，扼制了整个群体的生长，个体过小，造成养殖的商品鱼质量下降，影响产量的提高。为控制群体密度，人工控制性别进行单性(全雄)养殖是个好方法。

延长有效生长期。对于性周期较短，雌、雄性成熟年龄不同的鱼类，单性养殖可延长有效生长期，避免因性腺的发育而降低生长速度。如广泛养殖的冷水性鱼类虹鳟，雄鱼一般 2 龄成熟，雌鱼 3 龄成熟。成熟后个体生长率降低，死亡率提高，一般饲养两年即上市，商品规格约 500 克，这时肉质和外观也都较差，对生产十分不利。试验表明，虹鳟饲养第 1 年体重为 20~50 克，第 2 年达 400~600 克，第 3 年达 1 000~2 000 克。但对雌鱼来说，此时并没有充分长大。若能使雄性虹鳟转化为雌性进行全雌养殖，养到第 3 年再上市，则可延长有效生长期，以达到大幅度增产的目的。

提高商品鱼质量。商品鱼的质量主要由肉质和规格所决定。单性养殖实际上养殖了生长快、个体大的雌性或雄性鱼，加之单性群体减少了生殖能量的消耗，从而可以提高商品鱼的规格、肉质和价值。另外，大多数观赏鱼类的雄鱼要比雌鱼在体色上更加光彩夺目。因此，雄性个体具有更高的经济价值。观赏鱼类的性别若能进行人为控制，增加群体中的雄鱼比例，这样就会大大提高观赏鱼的商品价值。

多倍体育种

鱼类染色体的特点之一，是具有较大的可塑性，易于加倍。多倍体育种就是通过增加染色体组的方法来改造生物的遗传基础，从而培育出符合需要的优良品种。相对于同种的二倍体，多倍体具有个体大、生长快、抗病力强、成活率高等特点。在鱼类、贝类等水产动物的育种生产中，多倍体育种技术已经取得了一定的成就，产生了明显的经济效益。如日本已大规模诱导生产大马哈鱼全雌三倍体和牙鲆四倍体，俄罗斯已进行了工业化培育鲤鱼三倍体，加拿大的全雌三倍体虹鳟已投入商品化生产，美国天然水域中放养三倍体草鱼等。而在观赏鱼的育种中，目前人工诱导三倍体金鱼、水晶彩鲫等已获得成功。

多倍体是由于细胞内染色体加倍而形成的，即通过卵子第二极体的保留或受精卵早期有丝分裂的抑制而实现。对于二倍体动物，成熟卵处于第二次成熟分裂中期，当具有一组染色体的精子入卵后，刺激卵子继续完成第二次分裂，卵中原有的两组染色体中的一组作为第二极体排出，受精卵成为正常的二倍体。如果在精子入卵时，第二极体不能正常排出，则精卵原核结合成为三倍体受精卵。如果卵子受精后正常排出第二极体，并与单倍体精子结合形成二倍体受精卵，而受精卵的第一次卵裂受到抑制，则产生四倍体。

人工诱导多倍体的方法主要有物理学方法、化学方法和生物学方法3种。

物理学方法包括温度休克法、静水压法、电休克法。温度休克法包括冷休克法和热休克法两种，即用略高于或略低于致死温度的冷休克或热休克来诱导三倍体或四倍体。静水压法是利用水压机产生较高的静水压来抑制第二极体的排出或第一次卵裂而产生多倍体，这是进行鱼类染色体组操作的有效方法，诱导率较高，一般能达到90%以上；处理时间短，一般为3~5分钟；对受精卵的损伤小，成活率高。电休克法是近年来才开始采用的多倍体诱导方法，受精卵分别在非电解质的甘露糖溶液和电解质的含5%小牛血清的细胞培养液中接受电激，细胞的融合效率差别不大，但融合后胚胎发育成活率有明显差别，细胞在非电解质溶液中损伤较小，得到的多倍体后代成活率高；但目前还没有成熟工艺，故尚未被广泛采用。

化学方法是应用某些化学药品，在适当的时候处理水产动物受精卵，可以抑制第二极体的排出或抑制第一次有丝分裂，从而达到产生三倍体或四倍体的目的。例如，在贝类的多倍体诱导中应用较多的是细胞松弛素 B 通过影响纺锤丝内微管的形成，抑制减数分裂或有丝分裂纺锤体的正常收缩，使细胞分裂受阻。诱导多倍体的其他化学试剂还有聚乙二醇（PEG）、6- 二甲基腺嘌呤（6-DCAP）、咖啡因、N_2O 和 $CHClF_2$ 等麻醉剂。

人工诱导的生物学方法主要是异源精子通过远缘杂交诱发受精卵产生多倍体。除此之外，还有核移植和细胞融合两种方法，但是，核移植和细胞融合到目前为止并未成功获得真正意义上的多倍体。

贝类多倍体育种主要是诱导产生三倍体，对现有的养殖种类进行种质改良，以提高养殖群体的生长速度，改善养殖经济性状、增强养殖生物的抗逆性。三倍体马氏珠母贝的生殖腺基本上不发育，在繁殖期呈透明状或怀有极少量的精卵，消耗在生殖腺发育上的能量将转向体细胞的生长，导致三倍体个体比二倍体大。三倍体组与二倍体组比较，培育珍珠的成珠率高 30.8%，留核率高 35.4%，珍珠平均重量高 14.3%。由于三倍体生殖腺不发育或极少，可以延长插核期，减少插核过程中因损伤生殖腺而造成的污珠、尾珠和素珠。三倍体合浦母贝比二倍体生长快，其珍珠质分泌速度也比二倍体快。

大珠母贝

三倍体珠母贝表现出明显的生长和育珠优势，在珍珠养殖中有较大的推广潜力。三倍体鲍具有增产和降低稚鲍剥离死亡率的优点，具有很好的推广和应用前景。因为鲍的生长速度较慢、生长周期长及病害严重，制约了其快速发展。

三倍体鱼类在抗寒、抗病、生长和改善鱼肉品质方面表现出较大优势，诱导不育的鱼，把本来用于性腺发育的能量直接用于鱼类的生长，可以提高饵料转化系数，从而提高产量。与此同时，三倍体育种对于控制某些鱼类过度繁殖、防止基因混杂、改良种质资源和培育新品种也具有十分重要的意义。

虽然目前多倍体育种中还存在一些尚未解决的难题，如诱导率、孵化率和成活率偏低，难以掌握其准确刺激时间和刺激强度，缺少准确有效的倍数鉴定方法。对水产动物三倍体、四倍体诱导的最佳参数还未完全弄清，多倍体的形成机制缺乏系统研究。但是随着对多倍体生物的不断深入研究和现代生物技术的迅速发展，鱼类多倍体育种技术在不久的将来一定会走向成熟应用，为人类做出更大的贡献。

核移植

细胞核移植又称细胞工程核质杂交，即通常所说的“克隆”。它通过显微手术将成为供体的一种动物的一个细胞核，移植到受体的同种或异种的另一个细胞质中，并使受体细胞得以继续分裂和发育，从而培育动植物新品种的精细技术。

我国的核移植技术在鱼类方面走在世界前列，如 1963 年童第周等首次实现中华鳑鲏和金鱼之间的核移植；1970 年起又应用这种方法来探索经济鱼类的育种途径，已进行了细胞核移植的鱼类有金鱼核移入鲫鱼去核卵，草鱼核移入团头鲂去核卵，金鱼核移入鳑鲏去核卵。1980 年吴尚懃等成功培育出红龙睛、红鲫和蛋种金鱼的无性繁殖“试管鱼”；2001 年胡炜等又实现了不同品系斑马鱼间的核移植。由于核质杂交、移核杂交的鱼后代能保持性状的稳定，其性状表现为有的移核鱼介于亲本之间，有的偏于受体特性，有的能够成熟并繁殖后代，因而为解决鱼类远缘杂交不育，培育具有稳定性状的优良品种开辟了新途径。

延伸阅读

“童鱼”

春天是金鱼繁殖的季节，为了探索生物遗传性状的奥秘，年过花甲的童第周，开始了新的探索。他选择了金鱼和鲫鱼作为他的实验材料。实验室里，童第周坐在实验台前，助手们在实验室里紧张地忙碌着，做着实验前的准备。这是一场紧张的战斗就要打响的时刻，一切都在有条不紊地进行着。童第周想通过这个叫作核酸诱导的试验来验证他自己在科学研究上的设想。

金鱼排卵了，排出的受精卵比芝麻还小。童第周将这些提纯过的鲫鱼卵的核酸注入金鱼受精卵的细胞质内。他想看看鲫鱼卵的核酸对金鱼的受精卵是否有影响，看看由这种受精卵长大而成的金鱼的性状是否会发生变化。不久，这些由动过手术的受精卵产生的金鱼慢慢长大，在发育成长的 320 条幼鱼中，有 106 条由双尾变成了单尾，表现出鲫鱼的尾鳍性状。这说明，从鲫鱼卵中提取的核酸对改变金鱼的遗传性状起着显著作用。这也说明，并不只是细胞核控制生物的遗传性状，细胞质也起着非常重要的作用。实验的成功，证实了童第周的设想。

后来，童第周还采用了亲缘关系更远一些的种类，来做类似的实验，也获得了成功，从而更有力地证实了他的设想。后来国际生物学界用培育者的名字命名了这条鱼——“童鱼”。

从鲫鱼，到金鱼，到“童鱼”

鲫鱼和鲤鱼是经常出现在餐桌上的两种淡水鱼，亲缘关系比较近，形态区别比较大。鲫鱼的个子小，长到200~300克就不会再长了，但肉质细嫩，鲜美可口；鲤鱼是大个子，一两年就能长到两三千克，但肉质较粗、较老，口味比鲫鱼逊。鲤鲫移核鱼是采用无性杂交的细胞工程技术，将荷包红鲤的囊胚细胞核移植到鲫鱼的去核卵中而发育形成的后代。其全身呈橘红色，头小尾短，背高体宽，身短腹圆，外形与荷包红鲤相似，但也同时具有一些鲫鱼的特征，脊椎骨的数目与鲫鱼相同，具有比较稳定的遗传性状，F_1~F_4 代（1~4 子代）基本性状趋于一致。通过对鲤鲫移植鱼的 F_1~F_3 代生长趋势的观察，以及对 F_3 代的生产性能对比实验证明，F_3 代生长速度明显快于鲫鱼，比作为供体核的荷包红鲤生长速度快 14.7% ~22.47%，养殖产量高 22%，肌肉蛋白高 3.78%，含脂量低 5.88%。当年鱼苗即能养到商品鱼规格，具有良好的经济效益和生产推广价值。

现代分子标记辅助育种

分子标记辅助育种经过 20 多年的发展，已成为目前使用最为广泛的育种手段。它利用分子标记与决定目标性状基因紧密连锁的特点，通过检测分子标记，即可检测到目的基因的存在，达到选择目标性状的目的，具有快速、准确、不受环境条件干扰的优点。同时，分子标记辅助育种可作为鉴别亲本亲缘关系，以及回交育种中数量性状和隐性性状的转移、杂种后代的选择、杂种优势的预测、品种纯度鉴定等各个育种环节的辅助手段。其中，应用于分子标记辅助育种的标记主要包括限制性片段长度多态性标记（RFLP）、随机扩增多态性 DNA 标记（RAPD）、简单重复序列中间区域标记（ISSR）、简单序列重复标记（SSR）、扩增片段长度多态性标记（AFLP）、序列标记位点（STS）、单核苷酸多态性（SNP）等。该技术成功应用后，极大地推进了我国水产育种，甚至医学和农业育种行业的快速发展。

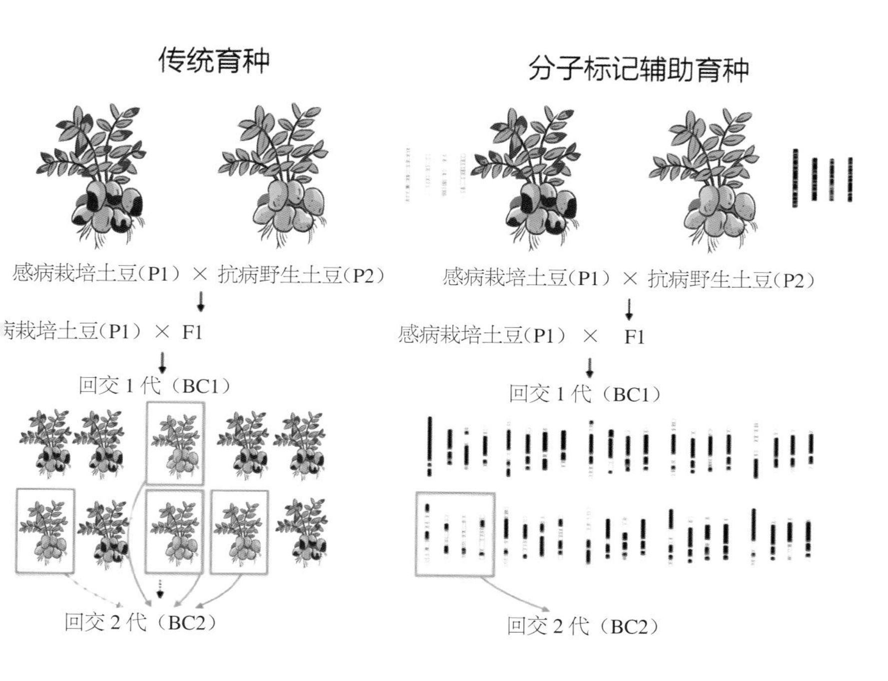

转基因

基因工程是生物工程的核心之一，也是把某个生物的基因转移到另一生物体的染色体内，定向改造生物基因型，并使之表达核遗传的育种技术。这是一个是以生物工程为主的高科技，也是以实用技术为主的“应用科技”。转基因技术的应用，为克服生物种间杂交不育及远缘杂交困难等问题，显示出极大优势。目前，国内外对转基因技术在水产上的应用日益多元化、完善化。应用的对象包括各种海水、淡水经济鱼类及海洋贝类等。转入的目的基因有生长激素基因、抗冻基因、抗病基因等。整合率也提高20%以上，部分品种高达50%。转基因鱼具有诸多生物性状优势。

随着转基因技术的进一步发展和成熟，目前进行过转基因鱼研究的有鲤鱼、大西洋鲑、尼罗罗非鱼、虹鳟、金鱼、鲮鱼、斑点叉尾鮰、蓝太阳鱼、非洲鲶、白斑狗鱼等，规模化养殖实验也在进行中。在观赏鱼方面，特别是转基因荧光斑马鱼、唐鱼、青鳉、神仙鱼的成功培育，推进了观赏鱼基因转移技术的迅猛发展。有关学者预言，转基因技术将为鱼类育种开辟新的途径，成为水产养殖业的一场技术革命。

目前已培育出转生长激素基因鲤鱼、鲑和罗非鱼，转荧光蛋白基因斑马鱼与唐鱼等可稳定遗传的转基因鱼品系，其中转生长激素基因鱼的获得对于提高水产养殖的产量与养殖效益具有十分重要的意义。

延 伸 阅 读

转基因黄河鲤

2015年11月，美国的一条三文鱼，震惊了全世界。这是美国食品药品管理局（FDA）批准的第一种供食用的转基

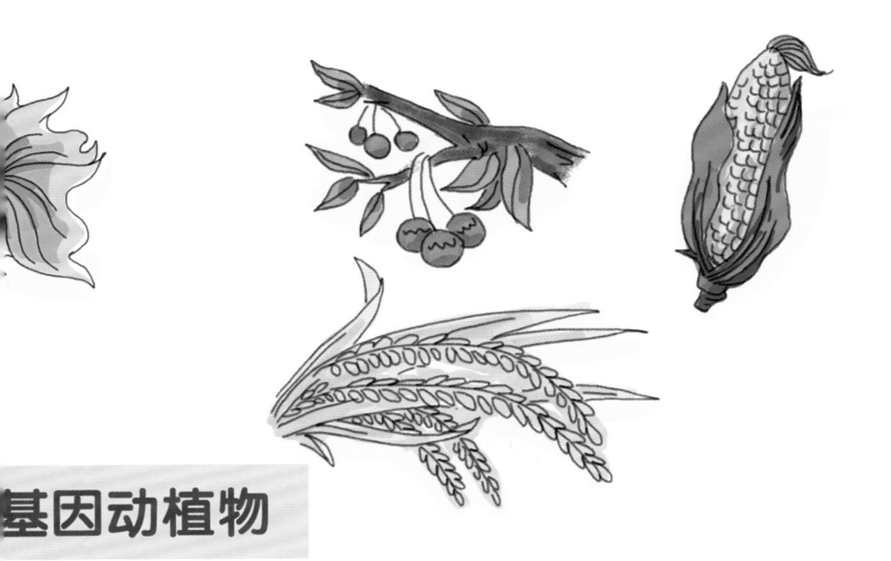

基因动植物

因动物——一种快速生长的转基因三文鱼。这种叫作水优三文鱼的产品，被学界称作“一条姗姗来迟的转基因鱼”。

但在中国，却有一条“迟迟不来的转基因鱼”——转基因黄河鲤。这条鱼诞生于20世纪80年代末，是中国科学院水生生物研究所朱作言院士领衔的团队研发的。1990年的《纽约时报》称：中国在转基因鱼的研究上，领先美国3年。这条“赢在起跑线上”的转基因黄河鲤，直到今天仍然没有上市。

黄河作为中华民族的母亲河，千百年来孕育了丰富的物种，其中以黄河鲤最为出名。黄河鲤肉质细嫩鲜美，金鳞赤尾，体型梭长。

《诗经》云“岂其食鱼，必河之鲤”，说的就是黄河鲤，在历史上还享有“洛鲤河鲂，贵于牛羊”的美誉。如果鱼里头有“四大美人”，黄河鲤金鳞赤尾，体态修长丰满，肉质肥厚，应该算是鱼类中的“杨贵妃”。但是，“美人”长得慢啊，一年只能长到 0.2~0.5 千克，长 2~3 年才能达到上市的标准。

决定动物生长速度的关键因素之一是体内生长激素的含量。可以用转基因技术，来提高动物体内生长激素的含量。朱作言的团队，给黄河鲤转入体型最大的淡水鱼之一——草鱼的生长基因。科学家发现：转草鱼生长基因的鲤鱼，平均生长速度比黄河鲤快 52.9%~114.9%，一年就能长到 1 千克以上，当年就可以达到上市规格。就生产同样体重的鱼而言，还可节省 18%~20% 的饲料。于是，世界首例转基因鱼诞生了，这项科研成果被 1989 年美国出版的《科学年史》记录为近代中国两大重要开拓性科研成果之一。

中国的这条转草鱼基因黄河鲤诞生之后，接受了第三方权威机构的安全评估。因为对转基因食品有较大争议，大家最关注的是安全问题。武汉大学基础医学院、中国疾控中心营养与食品安全研究所，分别进行了严格的科学分析实验，系统地进行了摄食转草鱼基因鲤鱼的毒理学评价、过敏性评价、营养学评价和内分泌干扰评价。这套系统的评估证实：转草鱼基因黄河鲤与对照鲤鱼（普通黄河鲤）消费品质为“实质等同”，即转基因鲤与对照鲤具有一样的食用安全性和营养效果。朱院士说：“我给大家解释转基因鱼的问题，说我们的转基因黄河鲤实际上就是一条杂交鱼，就是用一个草鱼的基因和鲤鱼杂交的结果。吃转基因黄河鲤的话，就相当于吃一盘鲤鱼加上喝了一滴草鱼汤。”

引起争议的另一个问题，是转基因鱼对环境可能产生的影响。美国的转基因三文鱼，之所以前后耗费了 20 年时间申请，其实有近一半的时间，是在做环境安全的评估。这样漫长的审批，几乎把这家只有 21 名员工的小公司拖到破产。

动物和植物不同，动物是会到处乱跑的。所以人们担心：如果转基因黄河鲤逃到野外，与野生黄河鲤交配，会不会把野生鲤鱼的基因也给“污染”了？因此，转基因黄河鲤，同样接受了严苛的环境安全测试。中国科学家曾专门开辟出近 7 公顷封闭的人工湖，将几十种中国的淡水鱼品种，连同转基因鱼一起放入湖中。每隔几个月，研究人员对水域中的鱼类种群和水质情况做检测。观察持续了 5 年，结果发现，转基因鱼是实验室温床长大的娇贵鱼，野外生存能力很差。湖泊的鱼，它们游泳最慢，一不小心就被天敌吃掉。5 年过去，这湖里基本找不到转基因鱼了——要不，就是抢不到食物，自己活不下去了。同时，这些鱼卵在发育时经过特别的技术处理，孵化出的雌鱼 100% 是不育的，不能繁殖后代。也就是说，它们不能和野生黄河鲤交配生子。

构建转基因鱼首先要获得目的基因，然后进行基因克隆，最后把外源基因导入受体鱼（受精卵）。早期的转基因鱼研究使用的结构基因多为人、牛、鼠等哺乳动物的GH基因，重组基因的启动子主要来源于小鼠重金属螯合蛋白基因或病毒基因。要使转基因鱼类成为有经济价值的新品种，必须转入鱼类本身的生长激素基因，尽量考虑“全鱼”基因或“自源”基因，即重组基因的元件全部来源于鱼类，以便能在受体中更好地整合和表达，获得生长更快的转基因鱼种，并减少转基因鱼食用安全方面的顾虑。国际上已克隆出20多种鱼的GH基因，包括鲷鱼、大马哈鱼等。在此基础上，国内外已构建出10多个“全鱼”重组基因，证实了其在受体鱼中的生物学功能。这些重组基因的应用，使人类向转基因鱼实用化的目标迈出了重要的一步。

有效地向受体鱼导入外源基因，是研制转基因鱼的关键步骤之一。目前，已经发展了显微注射法、点穿孔法、精子载体法等。其中显微注射法是最先采用的转基因方法，是目前最常用和比较有效的基因导入方法。在显微镜下，借助显微操作器，将直径几微米的玻璃细针插入受精卵原核或核附近的细胞质中，注入一定量的外源基因，注射后的受精卵于室温下在生理盐水中发育成鱼苗。有人通过显微注射方法将重组基因片段导入鲫鱼受精卵内，发现全鱼基因在鲫鱼基因组中的整合率为36.4%，对转基因阳性鱼的RNA样本进行Northern印迹杂交检测，转录率为25%。有人用显微注射的方法，共生产出以大马哈鱼生长激素基因为结构基因，鲤鱼MT基因为启动子的融合基因转基因鲤鱼115万尾，得到189尾整合外源生长激素基因的鲤鱼。电融合新技术的建立，可把外源基因转入培养细胞，经过两次克隆再以转基因细胞系与受体鱼卵结合，是今后该领域中大有前途的一种简便而高效的方法。

生态安全是转基因鱼商用化面临的最大问题。虽然有研究显示转基因鱼与传统的选育鱼类相比适合度较差，但由于环境与基因型间的相互作用，根据实验室获得的转基因鱼对生态影响的结果，难以预测转基因鱼一旦逃逸会对自然水生态环境产生怎样的影响。因为鱼类能在各种水体中间游动，活动的地域相当广泛，一旦转基因鱼被释放到开放水体中，又不像植物或陆生动物那样可以较方便地回收。因此，应建立高度自然化的环境以获得可靠的数据客观评价生态风险，有效的物理拦截、不育化处理等生物学控制策略仍是保证转基因鱼安全应用的关键措施。

转基因鱼的育种意义，是快速育种和改良养殖性状。传统的育种需经过多代反复选种交配才能育成优良品种，而转基因技术则可超越自然界的生物进化历程，在短时间内创造出自然界中原来没有的新品种或品系，这是常规育种难以比拟的。转基因鱼的许多优良性状已被实验所证实，如生长速度得到很大提高，即所谓“超级鱼”，有的转基因鱼可提高饵料利用率，有的则表现出较好的抗病性和抗逆性。

为了得到生长迅速的鱼类品种，且能稳定地遗传下去，在转基因后代中选择外源基因整合点合适、表达作用明显，具有显著生物学效应的个体，经两代单性发育，其优良的遗传性状就能固定下来，形成稳定的新品种。

全基因组选择育种

随着全基因组测序的深入和普及，很多学者试图利用全基因组选择育种技术进行水产动物遗传育种工作，但目前仍处于探索阶段。全基因组选择的思想最早由 Meuwissen 等于 2001 年提出，简单来讲就是全基因组范围内的标记辅助选择。这种方法的具体思想是利用覆盖整个基因组的标记（主要指 SNP 标记）将染色体分成多个片段，然后通过标记基因型结合表型性状以及系谱信息分别估计每个染色体片段的遗传效应，最后利用个体所携带的标记信息预测其未知的表型信息，进而估计基因组育种值并进行选择。全基因组选择利用标记估计的染色体片段效应在不同世代中是相同的。由此可见，标记的密度必须足够高，以确保控制目标性状的所有的 QTL 与标记处于连锁不平衡状态。随着斑马鱼、半滑舌鳎、牡蛎、大黄鱼、草鱼、鲤鱼等全基因组序列图普及 SNP 图谱的完成或即将完成，为基因组研究提供了大量的标记，确保了有足够高的标记密度，而且由于大规模高通量的 SNP 检测技术也相继建立和应用，如 SNP 芯片技术等，SNP 分型的成本明显降低，因此使得全基因组选择育种方法的应用成为可能。

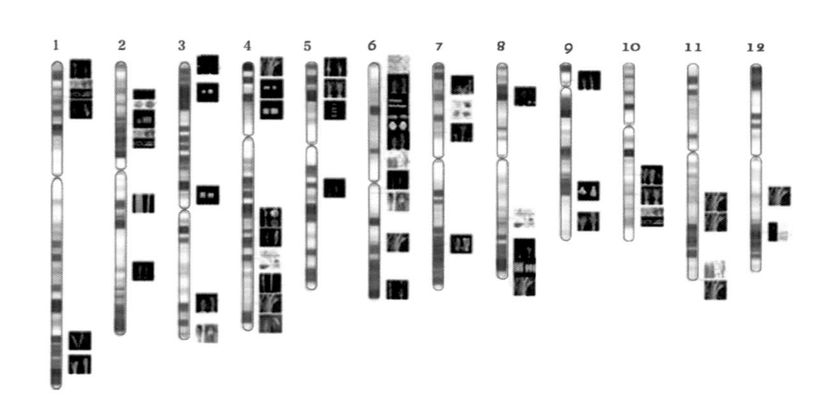

基因编辑育种

基因是具有遗传效应的 DNA（脱氧核糖核酸）片段，它能控制生物的性状，支持生命的基本构造和性能。基因组编辑是改变目标基因序列的技术。如同对文本进行修改一样，首先要把错误或想要修改的地方找出来，然后利用工具，按照修改的意图，插入、删除部分词句或者改写一段“文字”。当然，基因编辑过程要复杂得多，它是在细胞内对基因序列进行类似的操作。在基因组编辑过程中，找到一把自带“导航系统”的“剪刀”至关重要。CRISPR/Cas9 技术是近年来出现的新“剪刀”，因为其构成简单、编辑效率高且易操作，成为基因组编辑炙手可热的工具。该工具能对生物本身基因进行定向改造，它利用“精确制导”的

“基因剪刀”，能够高效、准确地按照人类意志修改基因组，在医学和农业育种上有巨大的潜力。比如，按照传统方法，改良一个品种可能需要几年甚至几十年的时间，而利用 CRISPR/Cas9 技术，改良一个品种的某一个基因可能只需短短数周。虽然都与“修改”基因有关，但基因组编辑技术和现有的转基因育种技术有本质的不同。当前已应用的基因组编辑技术是对基因组已经搞清楚的特定 DNA 序列做调整或改动，是在生物自身基因组上进行改造，通过敲除几个碱基对或者一段 DNA 序列，获得优良性状，而并未引入其他生物的外源基因。基因编辑技术作为目前为止最新且最为有效的技术，同时也作为科学界的明星技术，正在一步一步地改变着我们的大千世界，并将对我们的生活产生巨大而深远的影响。

3 集约养殖技术

传统的水产养殖正面临着一场变革，由粗放、不可控到精准、可控的新变革，未来的养殖业应该是集约化、电脑操控、精准放养、精准收获、省时省力的新型养殖模式，而人放天养的传统模式将逐渐被淘汰。

流水养鱼

其实，流水养鱼生产，十多年前广州就有了。当年广州市科委立项，由广州市水产研究所承担的“超高密度工厂化养鱼技术”，在667米^{2}的池塘中养殖奥尼鱼，主要采用微生物技术对养殖水体进行净化处理，从而改善鱼类的生长环境。每667米^{2}产量高达20吨，创出了我国池塘养殖单产最高纪录，是传统池塘养殖单产的30倍以上。当时参加验收的有关水产专家认为，超高密度工厂化养鱼技术一旦推广应用，将对传统池塘养殖模式带来革命性影响。

高密度流水养鱼是集约化养殖方式，具有高投入、高产出的特点。在水源充裕地区，选择落差地形，兴建鱼池，引水自流，集中投放大规格鱼种，进行人工投饵精养。饲养品种主要为罗非鱼、草鱼、鲤鱼、淡水白鲳和叉尾鮰等，一般每667米^{2}产量有10吨，高产的有30吨。特别是在山区，利用山区自然落差开展流水养鱼，可以一水多用，对解决山区“吃鱼难”和脱贫致富具有现实意义。

流水养鱼具有节能、节地、节饲料、节工、投资小、收效大等优点。

高密度流水养鱼需把握5个要点：

一是选择适宜地点。选择溪河沟边背风向阳的沟溪两岸、水库坝下和村前屋后为宜，有一定落差且不易被洪水冲淹的地方，自然水位落差应在2米以上，鱼池底质以细沙为好。

二是因地制宜建池。鱼池用碎石砌成，池形无严格要求，面积30~200 米^2，池深 1.5~2 米，水深 0.8~1.8 米，每个池的进出水口都要独立，并设置拦鱼栅。池内水流要求均匀，循环到角，中央形成滞水区，以便于捞取鱼粪、草渣。

三是控制水质水流。流水养鱼的水质要求无工业及农药污染，无臭、无异味，水的酸碱度要求是中性或弱碱性，防止暴雨后浑水入池；水温不得低于 15℃，一年中要有 6 个月以上水温处于 20~30℃，如水温过低，应在流水池前增建一个晒水池升温；水源充足，水体每小时要交换一次以上，保持水质清新；流速随着季节气温而变化，一般春季缓流，夏季急流，秋季缓流，冬季微流；流速控制在 0.3~0.6 米 / 秒，流速过大，鱼易消耗体力，过小则鱼易缺氧致死。

四是养殖品种适当。放养品种以吃食性鱼类为对象，一般主养草鱼、罗非鱼，搭配少量的鲤鱼、鲫鱼、鳊鱼，鱼种规格在 100 克以上。

五是科学投喂饲料。流水养鱼完全依靠人工投喂，饲料一般以青饲料为主，有条件的地方可以种草养鱼和投颗粒饲料。青料每天按鱼体重 1 ∶ 1 投喂，在 30~40 分钟内吃完为好；颗粒饲料按鱼体重的 5% 投喂，一天投喂 3~5 次；投饵要“三看四定”——看天气、看水质、看鱼情，定质、定量、定时、定位。

网箱养殖

网箱养鱼是在暂养基础上逐步发展起来的一种科学养鱼的方法，利用网片装配成一定形状的箱体，设置在较大的水体中，通过网眼进行网箱内外水体交换，使网箱内形成一个适宜鱼类生活的活水环境。利用网箱可以进行高密度培养鱼种或精养商品鱼。网箱养鱼方法具有机动、灵活、简便、高产、水域适应性广等特点，在海水、淡水养殖业中有广阔的发展前景。目前，日本、挪威、美国、丹麦、德国、加拿大、智利等国家网箱养殖规模较大。

网箱养鱼可以进行高密度精养，单位面积产量可高出池塘几十倍，甚至成百倍。其原因是：网箱养鱼实际上是利用大水面优越的自然条件，综合小水体密放精养措施实现高产的。在养殖的过程中，网箱内外

在南沙美济礁盘，渔民在深海网箱养殖水产，发展经济

水体不断地进行交换，带走网箱内鱼体排泄物及投喂饵料的残渣，带来了氧气及浮游生物，使网箱内保持较高的溶解氧，因而网箱内在鱼群高密度的情况下，也不会出现缺氧及水质恶化的情况，并保证了网箱内养殖的鲢鱼、鳙鱼所需的饵料生物不断得到供应。另外，鱼饲养在网箱内，又避免了敌害生物的危害，并能及时发现鱼病，保证有较高的存活率和绝好的回捕率。

网箱养鱼虽然把鱼类限制在很小的空间，但借助于箱内外水体的不断交换，使网箱内的溶解氧、氨氮等各项水质指标与网箱外的广大水域处于“动态平衡”状态，由于网箱中的水量与整个水域的水量相比是微乎其微，所以在水交换良好的网箱内，各项水质指标基本上与网箱外的大水域一致，这就使得网箱内的鱼群同样可以“享受”整个大水域良好的生态条件，使网箱内始终保持鱼类生长发育所需要的生态生境。因此，在网箱里只要保证足够的天然饵料或人工饵料，就能进行高密度养殖并获得高产。由此可知，网箱内良好的生态条件依赖于大水域本身的良好生态条件和水体交换，因此在选定网箱养鱼的水域时要对水域条件加以考察了解；在实施网箱养鱼时，关于网箱的形状、规格、网线粗度、网目大小、网箱的布置，以及日常管理中清洗网箱等，均要着眼于如何有利于网箱内外充分的水交换。

网箱养殖鱼类，主要根据水质和饲料来源而定。水质较肥、天然饵料较丰富的水体，应以养殖鲢鱼、鳙鱼为主；水质较瘦、透明度在50厘米以上、水色清淡的水体，不宜养鲢鱼、鳙鱼，而养殖投喂饲料的鱼类，如草鱼、鲤鱼、罗非鱼等吃食性鱼类为好。

世界上许多发达国家都非常重视海水网箱养殖，如挪威、智利、英国、丹麦、美国、加拿大、澳大利亚、日本等。随着科学的进步，新技术和新材料的开发应用，海水网箱养殖的发展速度更快。其发展趋势主要体现在：海水网箱养殖范围不断扩大，从近岸到离岸；网箱框架材料不断升级换代，采用高强度塑料、塑钢橡胶、不锈钢、合金钢、钢铁等新型材料；网衣材料由传统的合成纤维，向高强度尼龙纤维、加钛金属合成纤维的方向发展；网箱形状除传统的长方形、正方形、圆形外，还开发了蝶形、多角形等形状。网箱养殖形式由固定浮式发展到浮动式、升降式、沉下式等；网箱容积由几十立方米增加到几千立方米甚至上万立方米；养殖品种扩大到几十种，几乎涉及市场需要量大、经济价值高的所有品种；养殖方式也由单一鱼类品种养殖，到鱼、蟹、贝等多品种综合养殖；养殖管理朝自动化发展，普遍采用自动投饵、水质分析、水下监控、生物测量、鱼类分级、自动吸鱼、垃圾收集等自动装置；并在苗种培养、鱼类病害防治和免疫、全价配合饵料、网箱材料抗紫外线、防污损等方面加速开发研究和推广应用。

深水抗风浪网箱养殖

深水抗风浪网箱养殖，是国际上发展迅速的新型网箱养殖技术。挪威采用大型抗风浪网箱、全价配合饲料、防病疫苗、自动投饵、自动清除死鱼、鱼苗自动计数等技术，均走在世界前列，成为世界海水鱼养殖最成功的典范。该国养殖法规的制定及许可证制度的有效实施，养殖人员的上岗专业培训，养殖环境的严格保护，病害的监测报告，产品质量的全面控制，科研工作积极有序地开展等，使网箱养鱼迅速、持续地发展得到了有力的保证。

我国自 1998 年从挪威引进该项设备与技术，在海南试验养殖以来，各地相继引进试验，并开发了国产化技术，还引进其他国家大网箱养鱼的设备与技术，深水大网箱养鱼技术正在我国逐步试验、推广。

深水大网箱养鱼技术是一门新兴的、较为综合的技术，可根据各海区不同条件，采用不同的网箱。主要类型有以下几种：

重力式全浮网箱：基本是圆形，用高密度聚乙烯管（HDPE）的材

渔工在西沙晋卿岛附近海域深水网箱养殖区的一口深水网箱捕捞军曹鱼

料，底圈用 2~3 道直径 25 厘米管，用以成形和浮力，人可在上面行走。上圈用直径 12.5 厘米管作为扶手拱杆，上下圈之间用聚乙烯支架。该类型网箱，逐渐向大型化发展，现阶段流行的为直径 25~35 米，即周长 80~110 米，最大的周长已达 120 米（目前更有 180 米的），深 40 米，养鱼重量 200 吨，最大日投饵量 6 吨。使用寿命在 10 年以上，据称可达 50 年。网片防污 6 个月。最大优点为操作管理方便，观察容易。还有一种牙鲆专用网箱，即利用底部金属网架，把网衣张开铺平，人可以站立网上作业，专用于鲆、鲽等底栖鱼类的养殖。

浮绳式网箱：特点是具较强的抗风浪性能，养殖效果良好，避免了浮动式框架网箱抗风浪能力较差，养殖场地局限于避风条件好的海湾内的缺点。浮绳式网箱系统主要由浮绳、深水网箱和动力工作排等组成。在 2 根主缆绳各绑系拖网浮子 300 个，制作成具有相应浮力的主浮绳。深水网箱的箱体规格为 6 米 ×6 米 ×6 米。投饲口开设于盖网中间，圆

浮绳式网箱

形，绑扎充气大卡车内胎或大号救生圈，使之浮于水面，方便投饵，可扎紧或解开。动力工作排为木（柚木）结构，由 2 个 6 米 ×6 米的工作框架及工作面、起重架等组成，以塑料桶为浮力装置，配置 2 台 12 匹马力柴油发动机、2 个推进器和卷扬机。

蝶形网箱：也叫中央圆柱网箱或半刚性海水网箱，用一根直径 1 米、长 16 米的镀锌铁筒为中轴，周边用 12 根镀锌铁管组成周长 80 米、直径 25.5 米的十二边形的圈，用上下各 12 条超高分子量聚乙烯纤维（Dyneema）与中央圆柱两端相连，其作用有些像自行车轮的钢丝，用 Dyneema 纤维和 UltraCross 编结网做网衣，组成蝶形，面积 600 米 ^{2}、容积 3 000 米 ^{3} 的网箱。箱体在 4.17 千米 / 小时的流速下不变形。可放置于离岸 20 千米处。网衣附着物依靠潜水员下潜用高压水枪冲洗。

海洋圆柱网箱：也叫海洋平台网箱，由 4 根长 15 米的钢制圆柱和 8 条长 80 米的钢丝边围成，圆柱依靠锚和网直立固定。网也用 Dyneema 纤维制成的无结节网。在恶劣气候下，可整个网箱被浸没在波浪下。由于圆柱浮力的变化，很易升降，用 30 秒就可完成上升和降低过程。

方形组合网箱：由防腐蚀钢材组成的箱架，每组 6 个，每个方形网箱为 15 米 ×15 米。箱与箱之间走道宽分别为 3 米、2 米、1 米 3 种规格，固定点在一头，可以 360° 旋转，要有 10 倍于网箱面积的海面，可抗浪高 3~4 米。日本石桥公司开发的方形多边网箱用富有弹性的橡胶材质制成，可用螺丝组装，不需焊接。

张力腿网箱：又称 TLC 网箱，此网箱恰为传统网箱的倒置型。底部用接索固定于海底，箱体在水面 5 米以下不会有垂直拍打的波浪，可抵挡波高 10 米，流速 2 海里 / 小时，强风浪下网箱体积缩小不超过 25%。

工厂化养鱼

随着城镇化、工业化的不断推进，土地资源不断减少，水资源日益短缺，养鱼环境和水质变差使食用鱼的安全性被日益关注。发展节水型、无害化的工厂化养鱼技术无疑是解决水土资源短缺、减少环境污染问题的方向。

工厂化养鱼，由于采用了现代的设备和管理技术，提供了优良的水质和生态环境，并且配备了高蛋白质、全价营养成分饲料，养殖对象吃得饱，饲料转化率提高，生长速度加快，生长周期明显缩短；而且单产水平高，每立方米水体年产量可达到 50 千克，甚至更高，是传统池塘养鱼每立方米水体的年产量约为 1.5 千克的几十倍；工厂化养殖多在室内进行，几乎不受天气、温度等外界气候影响，可实现常年生产，有利于均衡上市。

工厂化养鱼，“水”是关键。在水源充沛的地区，允许采用开放式流水养鱼，其水源进入鱼池排出后不再回收，水耗量较大。而在缺水的

工厂化养殖建设在室内的养鱼池

地区，则多用循环过滤式养鱼，水池中排出的污水通过净化处理，再作为水源进入鱼池，这样水的处理尤为关键。

工厂化水产养殖饲料营养要全面，要考虑循环使用水体中微量元素的缺乏因素。要用高效颗粒饲料，饵料系数一般应在 1~1.2，减少鱼类排泄带来的水处理问题。要使用生产 2 个月以内的新鲜饲料，尽量减少饲料变质带来的营养疾病，任何变质饲料绝对不能用于工厂化养殖。

工厂化水产养殖是一种高投入的养殖模式，在选择养殖品种时要以经济效益为中心，要选择名贵、市场价格高的品种，使养殖高成本得到高的效益，获得较高的投资回报；要选择养殖名贵鱼类中技术要求较高、一般条件不能养殖的品种，以获得较高的附加值；要利用水质可控的条件，养殖名贵品种的亲鱼，调整繁殖季节，进行空档季节的苗种生产；要进行冬季的苗种阶段养殖，可以缩短商品鱼生产周期。

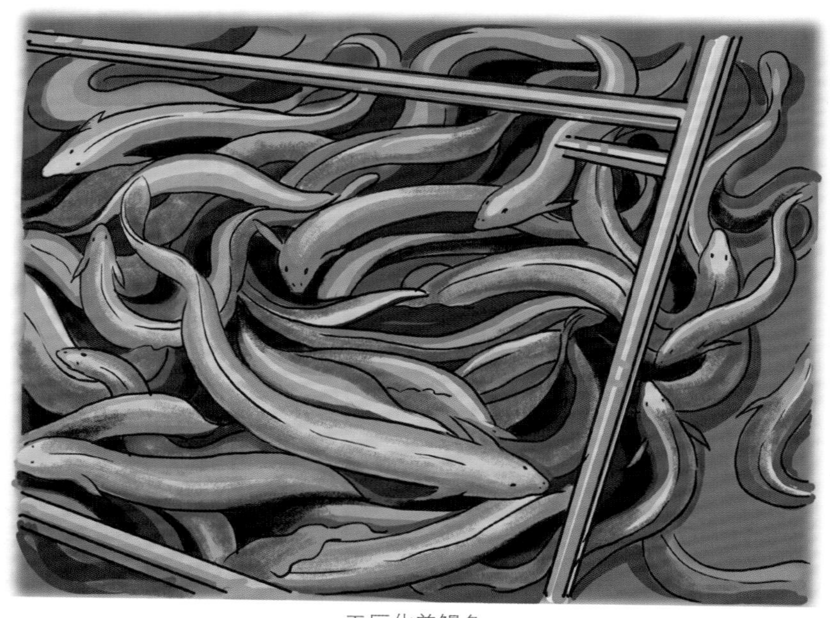

工厂化养鳗鱼

工厂化养殖一般是水体小、密度大，疾病预防非常重要，要采取积极措施，选择健康没有疾病史的鱼放入养殖池，在放鱼入池之前要对池进行消毒处理，严格控制水处理工艺过程，在处理系统设置消毒杀菌设备，注意投饵的科学性，避免鱼类过食现象，使用专用工具，并经常消毒，确保不能有疾病发生。工厂化养鱼是高效益、高技术、高投入、高风险的产业，企业要根据自身具体条件，选准养殖对象、养殖设施和开发基地，发挥当地的自然优势和技术优势，对采用的技术路线、生产成本及效益、经营风险等方面进行科学、严谨、客观地分析论证。工厂化养鱼技术含量较高，涉及环境、饲料、育种、病害、养殖、工程、机电自动化等，是一个综合性的系统工程，因此需要一支高文化高素质、懂技术懂操作的队伍。

循环水养鱼

循环水养鱼是在工厂化养鱼的基础上发展起来的，是通过水处理设备将养殖水净化处理后再循环利用的一种新型养殖模式。循环水养殖系统可用于淡水养殖、海水养殖等，也叫室内循环水养殖系统。这种养殖方式不具备传统养殖的流水设施，每个养鱼池之间互相形成一个封闭的循环水系统，即每个养殖池有输水管道与位于车间一端的水处理系统相连，可随时根据需要将池内的水输送到水处理系统进行处理，再将处理后的水输回养殖池内。养鱼先养水，循环水养殖是最好的水产养殖方式。

循环水系统设备主要包括 4 个部分：沙滤罐、紫外线消毒器、生物过滤器和蛋白分离器。引入生产用的水，注入每个水池中，由于养鱼过程中会产生粪便等垃圾，要保持水体洁净，系统每 2 小时就要进行一次循环。首先，生产废水通过管道进入沙滤罐进行杂质过滤；紧接着出来的水，进入生物过滤池，池中塑料状的生物滤料上培养的是有益生物菌，可以帮助分解水中的亚硝酸盐、氨、氮等有害物质，为鱼类生长创造一个健康的环境；然后，再经过蛋白分离器，分解掉剩余的粪便、残饵和纤维素；最后，过滤出来的水进入紫外线消毒器杀毒，在途经紫外线消毒器的过程中，99% 的细菌和病毒都会被消灭。循环水养殖是在工厂化养殖的基础上，运用现代的设备和技术手段，利用养鱼的水循环，使水产品处于一个相对被控制的生活环境中，处在一种较高强度的生产状态。由于养殖池面积小，鱼儿在单位面积内的捕食速度加快，生长周期也加速。在传统养殖模式下，一条鱼苗长成 1 千克的商品鱼，需要 9~10 个月的时间；而循环水养殖，鱼儿的生长期可以缩短 3 个月。

循环水养殖系统是以工业化手段主动控制水环境，水资源消耗小、占地少、对环境污染小、产品优质安全、病害少、密度高、养殖生产不受地域或气候的限制和影响，资源利用率高，是高投入高产出，低风险实现水产养殖业可持续发展的重要途径。

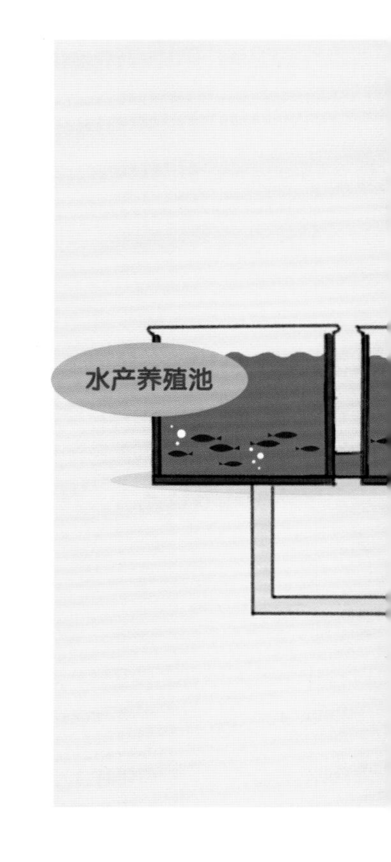

循环水养殖系统要实现可控、高密度、低成本、环保、健康水产品等众多条件，设备投入成本大一些，因为是一次性投资。但运行成本要低，节能，这是关键，所以必须要实现自动化，减少人工，降低失误。循环水养殖系统实现一键控制，自动启动、自动停止、自动补水、自动排污、自动增氧、自动控制水温、水质实时在线监控（支持手机查看）、水质异常发微信报警通知相关负责人，也有自动投料机可选配。其中溶解氧的控制非常重要，特别是针对高密度养殖的用户，水质一天没处理还可以勉强应付，但一个小时没增氧可能就会给用户造成无法挽回的损失，自动增氧是非常重要的一项，一定要自动增氧，才能最大限度地减少失误。

广州已有生产循环水养殖设备的专业公司，专门为循环水养鱼而设计的专用大型鱼池，包括循环水养殖处理系统、孵化育苗设备等。大型养殖鱼池采用 PP 塑料材料，环保无毒。养殖鱼池具耐腐蚀、耐老化、强度高、使用寿命长等特点。

采用高分子工程塑料材料，环保无毒，表面光滑，耐腐蚀，耐老

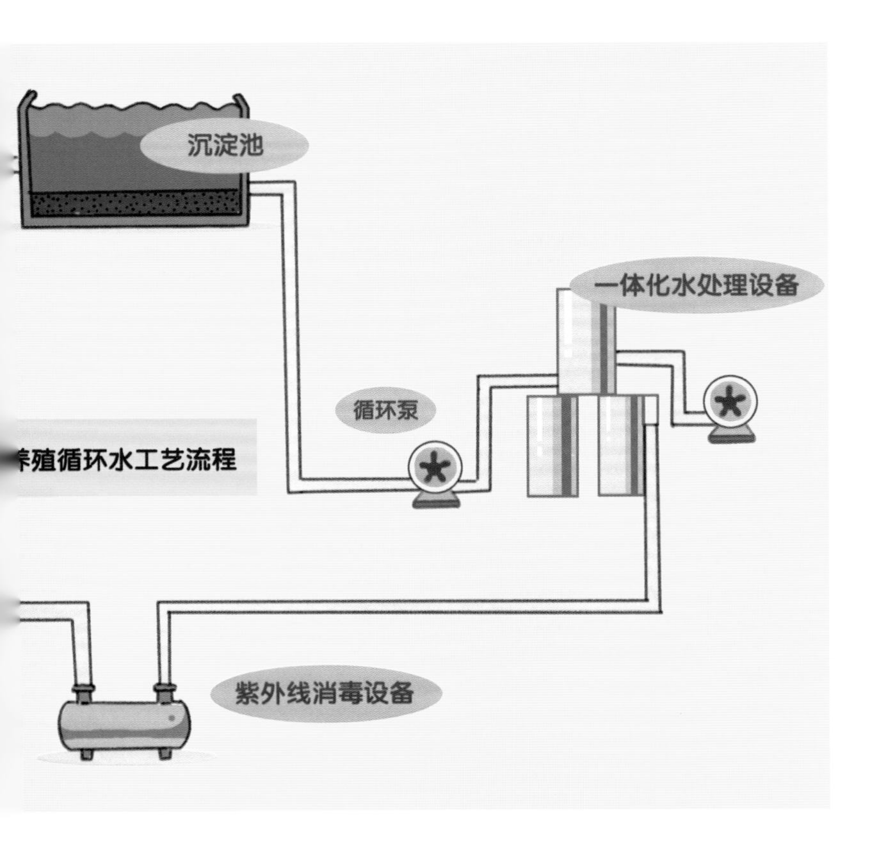

化，强度高，使用寿命长；鱼池不用涂油漆，不用泡池，清洗方便，想在哪里二次开孔都行，而且能马上使用。鱼池进出水口连接方便，操作简单，易于安装；鱼池锥形底部设计，更便于养殖污物旋流收集和排出。

4 生态循环养殖技术

生态循环养殖技术，就是一种生态环保型的、资源可循环利用的养殖模式，即遵循生态学和经济学原理及其发展规律，按照“减量化、再利用、再循环”的原则，运用系统工程的方法，利用动植物生物学特性，特别是动物之间的食物链关系，实现动植物生产过程中物质和能量循环利用的一种新型的经济发展模式，即“资源—产品—消费—再生资源—再生产品”的物质循环流动。该技术的优点是极大地减少了养殖业污染源的排放或实现了零污染零排放，让有限的资源得到最大限度的循环利用，大大降低了养殖生产成本，并生产出高品质无公害绿色食品，最终实现生态、经济和社会效益的全面提升。下面介绍几种主要的生态循环养殖模式。

稻田养鱼技术

利用稻田水环境，辅以人为措施，既种植水稻又开展水产养殖（鱼、虾、蟹、鳖、蛙等），使稻田内的水资源、杂草、水生底栖生物、浮游生物、昆虫及其他物质和能量充分地被养殖水生动物所利用，并通过所养殖的水生动物的生命活动，达到为稻田除草、除虫、疏土和增肥的目的，提高自然资源的利用率，增强稻田的产出能力，进而提高稻田综合效益的生产技术。稻田养鱼最为核心的作用是有效减少了化肥和农药的使用，显著提高了稻米和水产品的品质。全国稻田养鱼模式主要包括稻－鱼、稻－蟹、稻－虾、稻－蛙、稻－鳖等，其中以浙江省青田县稻

田养鱼最为著名，已成为全球重要农业文化遗产保护试点项目。根据《2017 年中国渔业统计年鉴》数据，2016 年全国稻田养鱼总面积 151 余万公顷，总产量 163 余万吨，平均产量 1.08 吨 / 公顷。随着人们生活水平的提高，特别是政府对食品安全的高度重视，稻田养鱼模式越来越受广大养殖户的青睐，相信在不久的将来，它将作为重点综合种养模式在全国范围内大面积的推广应用，甚至走向全世界的农业大舞台。

鱼菜共生养殖技术

通过在老旧鱼塘水面种植蔬菜、浆果、水草等喜水植物，吸收水中的富余营养物质，形成农作物与水生动物间互利共生和良性循环的生态环境，既充分利用了水域资源，又净化了水质，实现了养鱼不换水或少换水、种菜不施肥的资源循环利用的综合种养模式。国际上的主流做法是将鱼池和种植区域分离，鱼池和种植区域通过水泵实现水循环和过滤。该技术以“一改五化”技术为核心：“一改”指改造池塘基础设施，“五化”包括水质环境洁净化、养殖品种良种化、饲料投喂精细化、病害防治无害化、生产管理现代化。通过制作不同样式的生态浮床，选择根系发达、处理能力强的蔬菜瓜果植株，利用根系发达与庞大的吸收表面积，进行水质的净化处理，既改善了水质，又获得无公害的瓜果蔬菜，以达到鱼菜双丰收的目的。

鱼菜共生生产系统

生物絮团养殖技术

生物絮团是养殖水体中以异养微生物为主体，经生物絮团作用结合水体中有机物、无机物、原生动物和藻类等而形成的絮状物。生物絮团主要以菌胶团、丝状细菌为核心，附着微生物胞外产物胞外聚合体和包内产物聚－β－羟基丁酸酯、多聚磷酸盐、多糖类等，以及二价的阳离子，附聚的异养菌、硝化菌、脱氮细菌、藻类、真菌、原生动物等生物形成。生物絮团技术的精髓在于通过添加碳源于养殖水体中，提高水体碳氮比，促使异养微生物在消耗有机碳源的同时吸收水体中氨氮和亚硝氮等有害氮素进行自身的生长繁殖，进而通过絮凝作用形成生物絮团，为养殖动物提供菌体蛋白，被养殖动物所摄食，增强养殖动物对疾病的抵抗力，并实现营养物质的循环利用，提升饲料蛋白利用率。生物絮团技术对建立一种低换水、低污染、高抗病和高饲料利用率的新型生态养殖模式，对指导并推动水产业的可持续健康发展具有重要的前瞻性、战略性和引领性作用。

生态循环立体养殖模式

生态循环立体养殖模式是一种在水产养殖生产实践中形成的兼顾

农业的经济效益、社会效益和生态效益，结构和功能优化了的农业生态系统。为进一步促进生态农业的发展，农业部于 2002 年向全国征集了 370 种生态农业模式或技术体系，通过专家反复研讨，遴选出经过一定实践运行检验，具有代表性的十大类型生态模式，作为今后一个时期农业部的重点任务加以推广。这十种模式包括：北方“四位一体”生态模式及配套技术、南方“猪 – 沼 – 果”生态模式及配套技术、平原农林牧复合生态模式及配套技术、草地生态恢复与持续利用生态模式及配套技术、生态种植模式及配套技术、生态畜牧业生产模式及配套技术、生态渔业模式及配套技术、丘陵山区小流域综合治理模式及配套技术、设施生态农业模式及配套技术和观光生态农业模式及配套技术。在水产养殖中，广大研究者和养殖户也逐渐摸索出一系列的高效养殖模式，主要包括猪 – 沼（沼气）– 鱼模式、“生物链”模式、鱼 – 桑 – 鸭（鸡、鹅）模式、鸡 – 猪 – 鱼模式、牛 – 鱼模式、牛 – 蘑菇 – 蚯蚓 – 鸡 – 猪 – 鱼模式、家畜 – 沼气 – 食用菌 – 蚯蚓 – 鸡 – 猪 – 鱼模式、家畜 – 蝇蛆 – 鸡 – 牛 – 鱼模式等。这些养殖模式都能取得一定的经济效益，但体系尚不完整，有待广大学者进一步完善和优化。

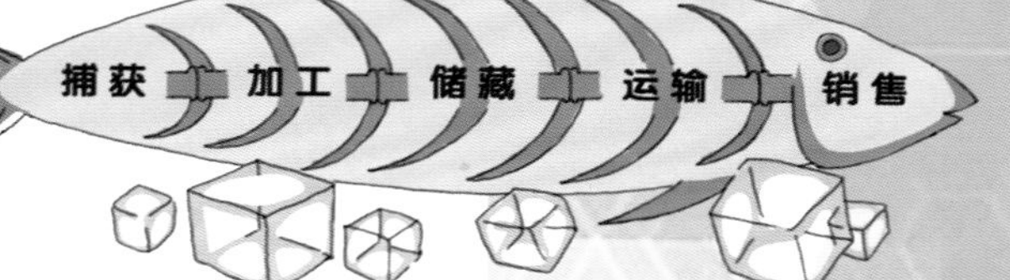

四　水产品保鲜、储运与加工新技术

“鱼与熊掌不可兼得”这句话来自《孟子》。由此可以看出，在孟子所处的战国时期，得到一条新鲜的鱼和得到一只熊掌同样是一件令人欣喜若狂的事情。

以前沿海人们捕鱼之后，没办法长时间保存，只能立刻煮熟吃掉，在市场上流通销售更是成为奢望。后来，海边捕鱼的渔民们发现，把鱼悬挂起来，几天便能风干成鱼干，有效延长了鱼的保鲜期限。中国在公元前5世纪的《周礼》中，已有关于鱼类干制和腌制的记载。

广州地处珠江三角洲水网地带，南临大海，不论是淡水鱼还是咸水鱼，品种丰富多样。广州人在食鱼过程中形成了许多独特的风俗，比如喜欢食鱼生。清代大学者屈大均在《广东新语》中写道："粤俗嗜鱼生，以鲈鱼、鲩鱼为上，鲩又以白鲩为上。以初出水泼刺者，去其皮，剑洗其血腥，细烩之为片，红肌白理，轻可吹起，薄如蝉翼，两两相比，沃以老醪，和以椒芷，入口冰融，至甘旨矣。"

广州人吃鱼，不管是清蒸、红烧，还是五柳糖醋，都喜欢整条上席，吃鱼时忌讳把整条鱼翻转过来，因广州人特别讲究"讨意头"，尤其是渔民，他们认为翻鱼的动作很不吉利，翻鱼寓意"翻船"。在吃鱼下箸的过程中，广州人也有讲究，一般是贵客先尝，头一箸必须从鱼腩开始，这里肉多刺少，鲜嫩爽滑，鱼头鱼尾最后才吃。

晶莹剔透、嫩滑白润的鱼生片，春秋季节，约上三五知己一起吃鱼生，是人生乐事也

广州人不仅精通鱼的多种食法，而且还细心研究鱼的药用价值，人们认为鲮鱼可以行气，生鱼助长生肌，甲鱼补肾平肝。用淮山、桂圆肉炖甲鱼，以治肺结核低热、脾肺两虚等症；

用赤小豆焖鲤鱼，以补妇女产后乳汁不足；用粉葛煲鲮鱼治疗周身骨痛、颈项活动不便等。现代医学证明这些做法都有一定的道理。

广州人甚至还将鱼作为主食的配料，以粥为例，鱼粥的种类就很多，如鱼云粥、鱼片粥、鱼肠粥、鱼嘴粥。广州有一种艇仔粥，以艇作为摊档，煮粥向水边居民、船民或水上游人兜售的粥品，其主要原料为河鲜，加上一些海蜇、鱿鱼、鱼饼、花生米等，闻起来芳香扑鼻，吃起来香滑可口，确实是广州很有特色的一款粥品。

随着现代水产品加工技术的发展，渔业产品非常多样化，可以用不同方式制作，使得水产品成为非常多面的食材。但是，水产品也高度易腐，很快就不适合食用，并可能通过微生物生长、化学变化及分解内在酶而危及健康。因此，水产品捕捞后的处理、加工、保存、包装、存储对策和运输要求特别谨慎，以便保持鱼的质量和营养特性，避免浪费和损失。保存和加工技术可减少腐烂发生的速度，使水产品能在世界范围流通。这类技术包括降温（冷鲜和冷冻）、热处理（罐装、煮沸和熏制）、降低水分（干燥、盐腌和熏制）及改变存储环境（包装和冷藏）。水产品加工，根据其制品类型和加工工艺予以综合归类，大致包括冷冻制品、腌制品、发酵制品、干制品、熏制品、鱼糜制品、罐藏制品、鱼粉和鱼油、浓缩鱼蛋白制品、藻类制品 10 类。

1 水产品保鲜

水产品保鲜，是用物理方法或化学方法抑制或延缓鱼类等鲜水产品的腐败和变质，保持其良好鲜度和品质的技术。良好的水产品保鲜法要求是：能有效地防止微生物的繁殖，具有抑制酶类的生化反应和空气的氧化作用，符合食品卫生条件；具有适于在生产和运输过程中及时有效处理大量水产品的条件和能力。当前采用最多、效果最好的是低温保藏法，也可采用电离辐射保藏、气体保藏和化学品保藏等方法，但在使用条件和使用效果上都存在着一些限制和缺陷。冷冻是食用鱼主要的加工方式，在发达国家，食用的鱼品大量是冷冻产品制作或保藏类型，冷冻鱼的比例从 20 世纪 60 年代的 25% 提高到 80 年代的 42%，2014 年达到 57%。

延伸阅读

鱼类鲜度变化

鱼类死后与鲜度有关的变化大体可分为 3 个阶段：①僵硬阶段。鱼死后呼吸停止，在缺氧条件下糖原酵解产生的乳酸积聚，使 pH 由原来的 7 左右降到 6.5~5.5，鱼体便呈僵硬状态。一般僵硬始于死后数分钟或数小时后，持续数小时至数十小时后变软。在僵硬阶段，鱼体的鲜度是良好的。②自溶阶段。肌肉中蛋白质在组织蛋白酶的作用下发生分解，会使僵硬解除后的肌肉组织更加软化，鱼体内的细菌繁殖，鱼类原有良好风味易变化和消失，鲜度降低。③腐败阶段。各种腐败菌类繁殖到一定阶段的结果，首先是氨基酸等趋于分解，生成氨和胺类、硫化氢等各种具有腐臭特征的产物；海水鱼肌肉中生成具有鱼腥臭的三甲胺。当这些腐败分解产物达到一定数量时，鱼体即进入腐败阶段。

评定鱼类鲜度质量，感官评定主要根据鱼体软硬和弹性大小、眼球的混浊度、鳃耙的颜色和气味，以及肉味是否正常等；微生物测定一般以鱼肉中的细菌数作为指标，当每克肉中细菌数增至 10^5~10^6 个时为初期腐败；物理测定有测定鱼体肌肉的阻抗、硬度和鱼肉压榨汁的黏度、鱼眼球水晶体混浊度等方法，简便迅速，缺点是因测定对象的种类和个体差异而难于制定统一的评定标准。化学测定常用的质量指标有总挥发性盐基氮（TVB—N）、三甲胺氮（TMA—N）和 K 值等。前二者是直接用于判断腐败程度的指标。K 值反映了更高的鱼体鲜度质量标准和水平。K 值超过 60%时为鲜度不良。

低温保藏

引起鱼类等鲜水产品腐败变质的细菌主要是嗜冷性菌类，其生长的最低温度为 -7~-5℃，最适温度为 15~20℃。如低于最适温度，微生物的生长即被抑制；低于最低温度，则停止生长。大多数细菌在 0℃左右生长就延缓下来。在低温范围内，温度稍有下降即可显著抑制细菌的生长。鲜水产品的低温保藏，包括在低温下冻结贮藏和非冻结贮藏两个方面，一般也称为冷冻和冷却。鲜水产品非冻结贮藏方法有冰藏、冷海水或冷盐水保鲜、微冻保鲜。

冰藏应用广泛，冰融化时可吸收大量热量，从而降低鱼体温度，融化的水还可冲洗去鱼体上所附细菌及污物。对鲜鱼时常使用小的冰块或冰片以一层鱼一层冰的方式保藏。保藏时间因水产品的种类和保藏条件而异，一般为 1~2 周。

冷海水或冷盐水保鲜，是将鲜鱼浸于温度一般为 -1~1℃的冷海水或冷盐水中保藏，主要应用于渔船或罐头加工厂内。在渔船上应用时须

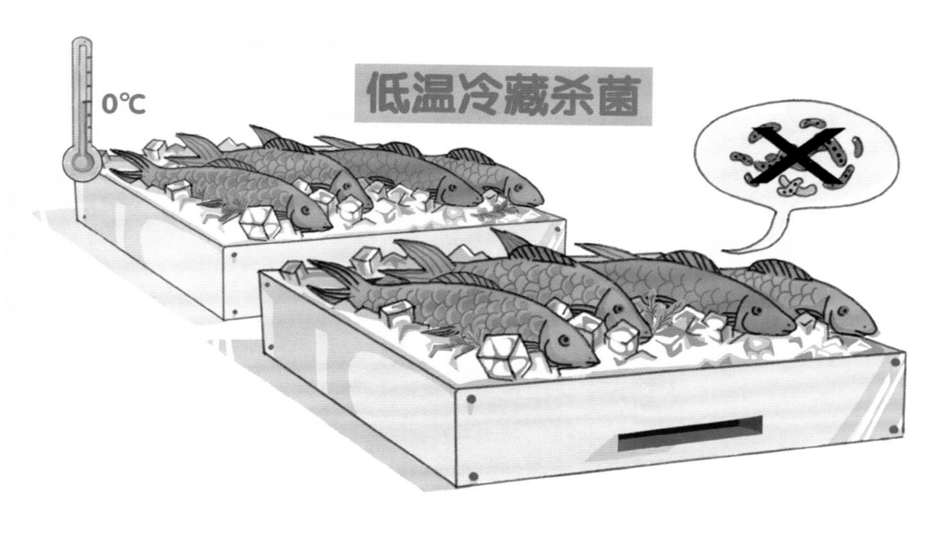

先用冰或制冷设备使海水或盐水冷却。如将鱼体浸在冷海水或冷盐水内冷却至 0℃后取出改用冰保藏，则效果更好，其保藏期为 10~20 天。

微冻保鲜应用于渔船上，以低温海水或低温盐水在鱼体之间循环流动，经微冻后保藏在鱼舱内。微冻温度为 −2~−3℃，使鱼体内的水分部分冻结，保藏温度为 −3℃左右，其保藏期可达 20~30 天。

采用冷海水或冷盐水保鲜与微冻保鲜，其效果均优于冰藏，原因是温度较冰藏低，而且冷却的鱼体较坚实，有利于运输。缺点是可造成鱼体褪色和鱼肉内盐分增高；同时海水或盐水内混入鱼的血液、黏液等污物后容易产生泡沫和污染。

鲜水产品冻结保藏，简称冻藏，是将鲜水产品先在冻结装置中冻结后再置于低温冷库或船舱贮藏。鲜水产品开始冻结的温度为 -0.5~-2℃。从开始冻结到 -5℃前后，肌内组织中约 80%以上的水分即行冻结。鲜水产品的冻结一般采用速冻法，即冻结速度水产品低温保藏要在 2 厘米/小时以上，或者在 30 分钟内通过 0~-5℃的最大冰晶生成带。冻结后的贮藏温度一般要求低于 -18℃，也可采用 -30℃，甚至更低的贮藏温度。

在冻结温度下，微生物被抑制除因低温的效果之外，还由于鱼体水分冻结降低了水分活度。此外，各种酶的活性也随温度下降而减弱，在 -20℃左右时被显著抑制，-30℃以下时几乎停止。鱼死后的化学变化如油脂的氧化反应速度也随温度下降而显著减低。但由于不同鱼类的化学成分和肌肉结构存在差异，在低温下的保鲜效果也不完全相同。

冻鱼在食用前必须先行解冻，使鱼体内冰晶融化，以恢复到冻前的鲜鱼状态。常用的解冻方法有空气解冻、水解冻和高频解冻。要尽可能缩短解冻时间，避免鲜鱼变质，并防止鱼体表面温度上升过快。

冷藏链

水产品在物流过程中需快速流转。因为鲜活性，部分水产品需要冷藏和冷冻，按常温品、低温品和冷冻品不同属性进行储存运输或活水车带制冷充氧设备的运输。如冷冻水产品一般要求在 -18~-25℃下流通，而生鲜高档金枪鱼的保鲜储存和运输，则需要 -55℃以下的超低温相关设备。

建立完善的水产品冷藏供应链，适应冷冻食品和生鲜食品发展的需要，使水产品从捕获、加工、储藏、运输、销售，直到消费的各个环节都处于低温状态之下，以保证质量，减少水产品的损耗。水产品冷藏链设备是使水产品从捕获后的保藏、加工、运输、流通过程都处于低温状态的渔业保鲜设备，主要有运输设备、贮藏设备、销售设备和加工场所的降温设备等。

运输设备有冷藏火车、冷藏汽车、冷藏集装箱、保温箱和冷藏船等。液氮冷藏车具有降温快、温度低、结构简单、工作可靠、造价低，兼有制冷和气调保鲜等优点，得到广泛应用。

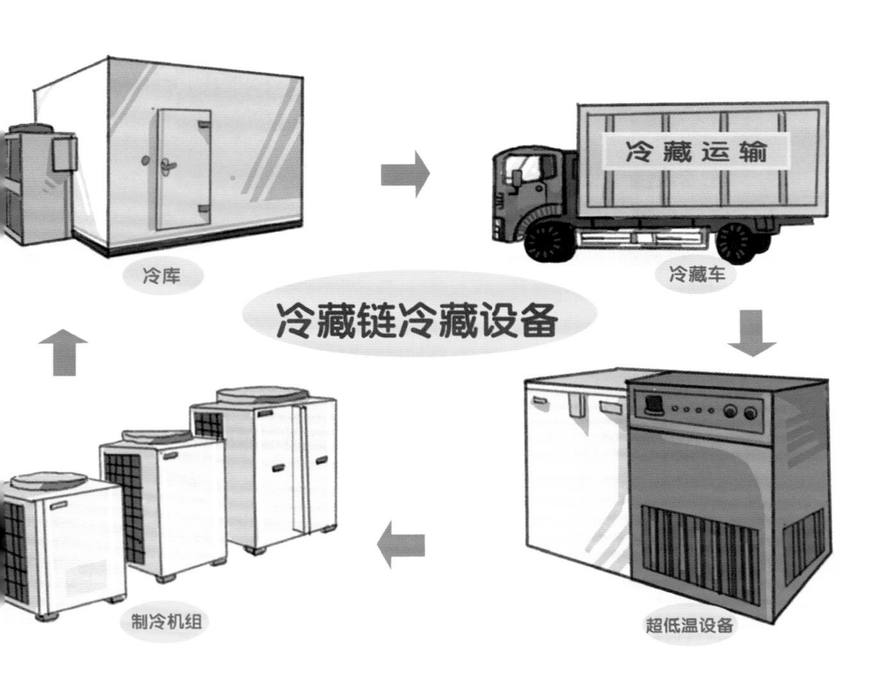

冷藏集装箱是以件货的成组形式实现“门到门”运输的一种运输设备。按供冷方式可分为外置式和内藏式。外置式可保持箱内温度为 -25℃，内藏式为 -18℃。但外置式拆装冷风管甚费事，所到之处又需准备电源，而内藏式将冷冻机装在箱内，使箱内容积减少。使用最广泛的为 1A 型（2.4 米 ×2.4 米 ×12.2 米）、1AA 型（2.4 米 ×2.6 米 ×12.2 米）、1C 型（2.4 米 ×2.4 米 ×6.1 米）。我国在铁路上使用 1 吨和 5 吨的集装箱。

保温箱周壁用聚苯乙烯或聚氨酯作隔热材料，隔热层的两面有围护层，以保持隔热材料的干燥和完整。围护层一般采用低压聚乙烯制成。一次性使用的保温箱可不设围护层。箱口和箱壁设加强筋，箱底做耐磨处理。箱中用冰保鲜水产品。

销售设备是水产品冷藏链的最后一环。在冷冻食品分配中心，有多用途的综合性冷藏库。库房温度可以在较大幅度内调节，以充分发挥冷藏库的储存效能。在零售商店设有密闭式或敞开式冷藏柜，使水产品从捕捞后到消费时止，始终都处于低温状态，形成冷藏链。

辐照杀菌保鲜

一般应用^{60}钴等放射性物质的γ射线或线性加速器发出的电子束照射鱼虾等水产品，以抑制或杀灭微生物和保持它的鲜度。当高速运动的电子或γ射线一类的电磁波具有足够大的能量和穿透力时，它能使电子脱离物质的原子或分子形成电离辐射。电离辐射通过水产品时，可破坏细胞结构，对微生物有抑制和致死作用。此外，食品中存在的大量水分子在电离辐射作用下产生各种自由基及其反应产物，可间接地对微生物产生致死或抑制作用。但较强的电离辐射会在不同程度上直接或间接地改变食物蛋白质、脂肪、维生素、色素、风味物质和酶的分子结构和性质，使营养、气味、色泽等受到影响。因此，要严格选择和控制辐射强度，以减少和防止这类不良影响。

气体保藏

气体保藏也是一种与低温保藏结合应用的保鲜法，过去主要用于水果、蔬菜、肉类，现在也用于鱼类保鲜。所用气体为二氧化碳与氧的混合物，有时掺加氮作为惰性填充物，用以代替空气在低温的库房或容器中进行鱼虾等的保鲜贮藏，其质量和期限要比单独使用低温保藏更好、更长。气体保藏对鱼类等的保鲜作用，可能是由于二氧化碳干扰了细胞酶系统的某些功能，因而抑制了细菌的代谢作用。此外，

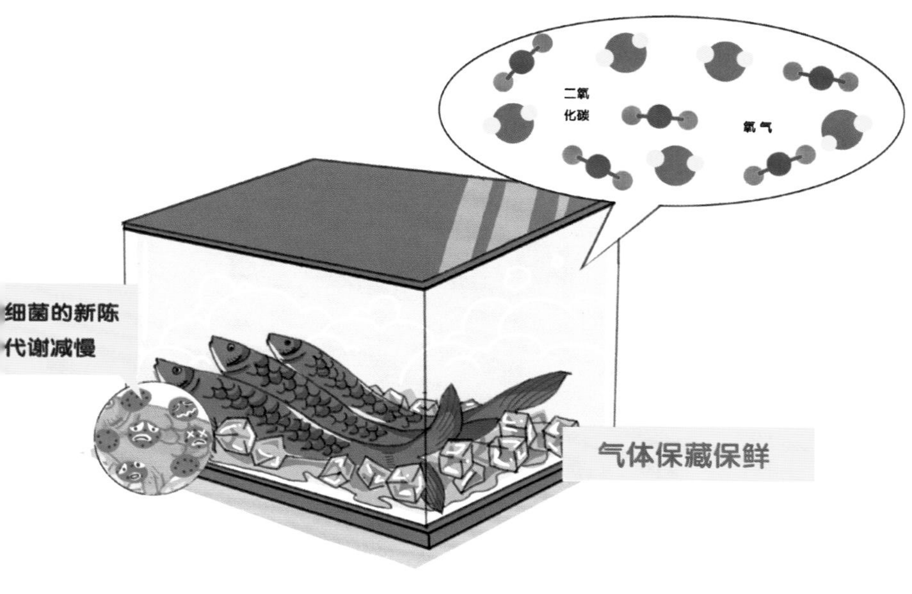

气体保藏保鲜法

溶解于水中的二氧化碳降低了鱼体 pH，也有利于抑制细菌的生长。在低温下二氧化碳溶解度增大，采用浓度较高的二氧化碳与低温结合，其保鲜效果更好。在气体保藏中，鱼体细菌的种类分布由原来占优势的革兰阴性菌转变为革兰阳性菌，因而使鱼体腐败细菌被抑制，并可减轻腐败产生的气味。

2 活体储运

在亚洲，商品化的许多鱼产品依然是活体或新鲜类型。活鱼在我国、东南亚地区特别受欢迎。中国和其他国家处理活鱼用于交易和利用已有三千多年历史。

随着技术发展、改进的物流及需求的增长，近年来活鱼商业化程度增长。活鱼运输从简单地在塑料袋加过饱和氧气的空气运鱼的手工系统，到特殊设计或改进的水箱和容器，再发展到安装在卡车和其他运输工具上非常复杂的系统，包括控制温度、过滤和循环水以及加氧。但是，由于面对严格的卫生规则和质量要求，活鱼销售和运输面临不少挑战。在东南亚部分地区，活鱼交易没有被正式规范，而是基于传统做法。在欧盟市场，活鱼运输和销售除了遵守相关要求外，还要确保活鱼在运输期间的动物福利。

可控温暂养池

先进的暂养方式，要求贮备容器有一定的恒温能力和水质净化功能，不但能根据不同的鱼类选择较为适宜的最低水温，以保证活鱼虾基

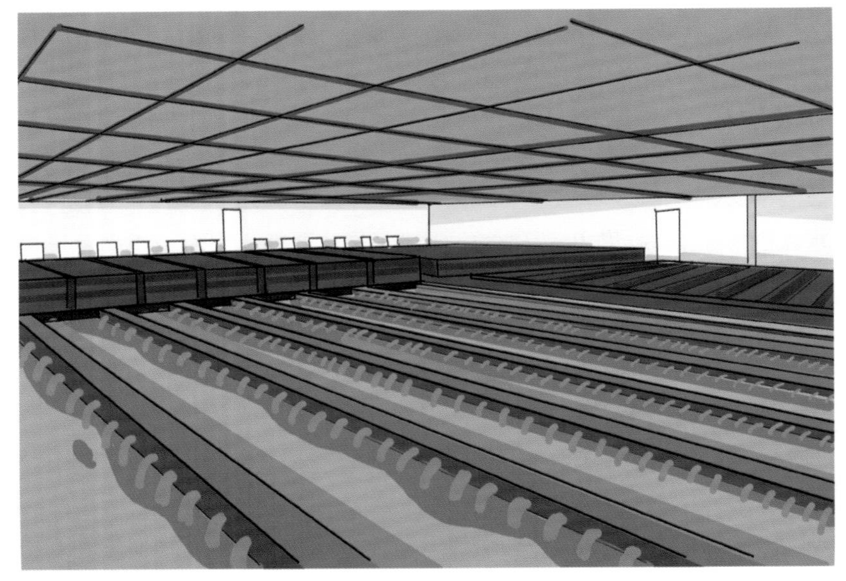

可控温暂养池

本的代谢，而且能控制活鱼虾排泄氨态氮化合物浓度、水溶性有机物浓度和二氧化碳气体浓度。另外，还能通过增氧设备不断增加水中的溶解氧。

这种先进的暂养方式有以下优点：①保活期较长，一般品种保活期为 3~10 天，个别品种保活期达 10 天以上，对虾暂养 1 个月后存活率高达 93%。②贮备容器利用率高，同样容积的贮备容器中贮放鱼虾密度比传统暂养方式提高 10~20 倍，从而降低了运输成本。③死亡率低。

水产公司从鱼塘采购到鱼，先会在运输车上用冰块进行第一次降温保鲜，然后在车间再根据鱼的种类、个头分类，投放到暂养池。暂养池的第二次降温是冷链物流最为关键的一步，暂养池水温保持在 17℃左右，分两层逐层降温，经过 5~6 小时的降温，让鱼处于半休眠状态。鲜鱼经货车运到目的地后，经过简单地升温，从半休眠状态苏醒，又活蹦乱跳了。通过建立智能化的冷链物流技术，可以确保长途运输 50 个小时到 3 000 千米外，鱼成活率仍达到 99%。

低温无水运输

鱼、虾、贝等冷血动物存在一个区分生与死的生态冰温零点，或叫临界温度。从生态冰温零点到结冰点的这段温度范围叫生态冰温。生态冰温零点在很大程度上受环境温度的影响，把生态冰温零点降低或接近冰点是活体长时间保存的关键。对不耐寒、临界温度在 0℃以上的种类，驯化其耐寒性，使其在生态冰温范围内也能存活。在生态冰温范围内，经过低温驯化的鱼类，即使环境温度低于生态冰温零点，也能保持“冬眠”状态而不死亡。处于冰温“冬眠”的鱼类，呼吸和新陈代谢极低，为无水活运提供了条件。鱼、虾、贝等当原有生活环境改变时会产生应激反应，易导致死亡，因此，宜采用缓慢降温方法，降温梯度一般每小时不超过 5℃，这样可减少鱼的应激反应，提高成活率。降温可采用加冰降温和冷冻机降温两种方法。活鱼无水保活运输器一般是封闭控温

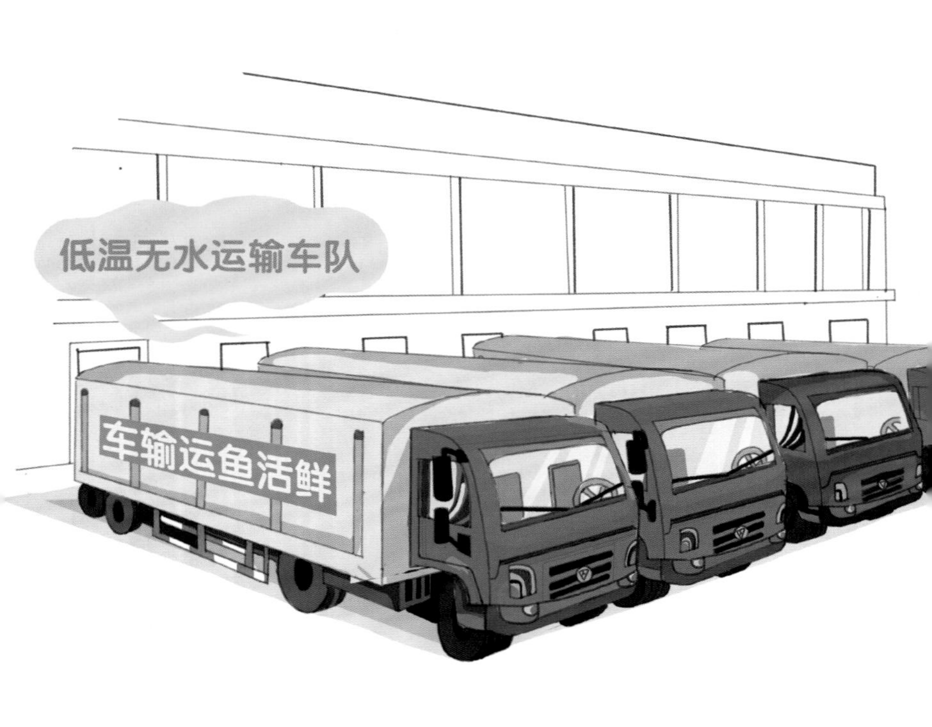

式，当鱼处于“冬眠”状态时，应保持容器内的湿度，并考虑氧气的供应；极少数不用水而将鱼暴露在空气中直接运输时，鱼体不能叠压。包装用的木屑，应是树脂含量低、未经处理和不含杀虫剂，使用时须预先冷却。

低温无水运输步骤：

（1）暂养，鱼类消化道内食物基本排空，降低运输中耗氧量、应激反应，提高其保活时间。牙鲆在低温无水运输前应先停食暂养 48 小时以上。

（2）降温，在低温无水运输前，牙鲆的降温速度为：10℃以上时，每小时降温幅度在 4℃以内；1~10℃时，在 1℃以内；1℃以下时，应在 0.5℃以内。

（3）装运，将鱼类移入双层塑料袋中，加入少量冰水，充纯氧扎口后，再移至保温箱中。控制箱内的温度是运输的关键。保证运输过程中温度保持在 -0.5~1.5℃。

（4）放鱼，运输到达目的地后，将鱼放到 5℃左右的清水中，加水

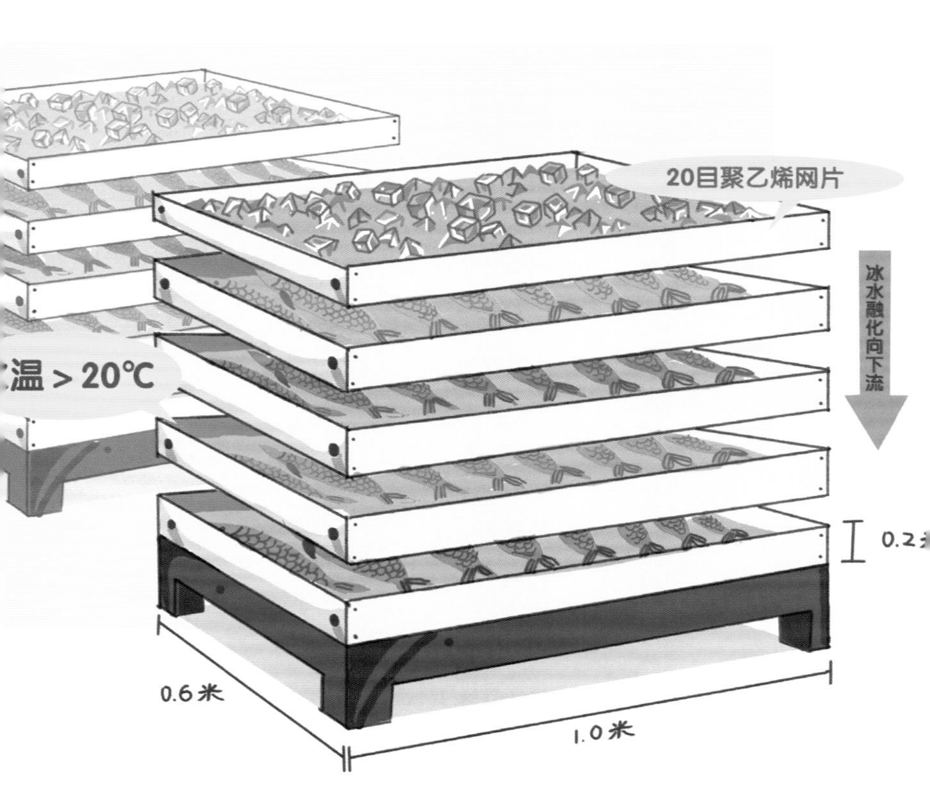

慢慢升温至 10~14℃，大约 20 分钟就会恢复正常。

无水湿法运输

具有辅助呼吸器官的鱼类，如黄鳝、乌鳢、斑鳢、泥鳅等，能呼吸空气中的氧，只要体表和鳃部保持一定的湿度，就能在潮湿空气中存活一定时间，可进行无水湿法运输；鲤鱼、鲫鱼、鳗鲡、鲶等，皮肤呼吸量超过总呼吸量的 8%~10%，也能进行无水湿法运输。鱼类利用皮肤呼吸的比值，随着年龄的增长和水温的升高而减小。

无水湿法运输步骤：

（1）排除废物，把活鱼放在水里饿 2~3 天，排除体内的废物。

（2）装活鱼箱，由木板制成，其规格为 1 米 ×0.6 米 ×0.2 米，箱底和四周镶钉 20 目聚乙烯网片。

（3）加冰降温，一般 5~6 个活鱼箱，最上层一个放冰，中间 4~5 个装活鱼，最下层有个底盘。

水温在 20℃以上时，在上层冰箱里装满冰块，融化的冰水漏入活鱼箱，既可降温，又可湿润活鱼。每层活鱼箱中各装活鱼 10~20 千克，然后同底盘一起捆扎运输。这种方法运输 30 小时，成活率可达 90% 以上。

模拟冬眠系统运输

冬眠是动物在恶劣条件下节省能量的一种机制，是由季节性的环境变化触发的。通过试验证实，深度冬眠动物的血清里含有一种或多种触发物质，一种叫阿片样肽（氨基酸组成的复合物），在诱导冬眠上起重要作用。向腹膜内注射或用渗透休克方式把这种冬眠诱导物质注入鲍鱼、鲑鱼、鳟鱼或河豚体内，这些物质使它们呼吸明显降低。经检验，被注射鱼体的血清中，苯丙氨酸转氨酶和尿酸水平有短暂的升高，而天冬氨酸转氨酶和尿氮水平降低。这些观察结果提示，被注射鱼类肝肾功能受到这些物质的强烈影响。因此，有人提出一种冬眠诱导系统，该系统包括一种把鱼类从养殖水槽转移到冬眠诱导槽的装置，通过将鱼转入一个温度维持在 0~4℃的冬眠保存槽里或是送入运输低温容器中的转运箱里使其温度保持在 0~4℃，当鱼类上市时再放入苏醒槽里苏醒。由于休眠鱼类的肾功能降低，其排尿量非常少，可不需水循环。利用现有的免疫接种技术，很容易把冬眠诱导物质注入鱼体或直接应用渗透休克方式使其处于冬眠状态，从而有利于实施模拟冬眠系统运输。

3 水产品加工

传统吃鱼法不外乎清炖、油炸、红烧等，这也造成了蛋白质流失，而且经常吃鱼也没法保证营养摄取的均匀、适量。如果食用经过加工的成品或半成品，就可以随时吃鱼，做到少吃多餐。随着现代保鲜设备

鱼肉肠、生鱼片、鱼罐头

和工艺的发展以及冷链物流的普及，越来越多区域的消费者有条件吃上新鲜水产品，但是由于昂贵的运输成本，新鲜水产品的供应无法满足现代消费者的需求。于是，采用高新技术，对水产品进行深度开发，生产出新型的深加工水产品即食食品、方便食品和保健食品等产品便成为当今国际水产食品发展的大趋势。要在现有加工技术的基础上，采用新方法、新工艺、新技术进行技术创新，重点开发具有一定超前性的高技术含量、高附加值的深加工产品，加强水产医疗保健食品、功能食品、方便食品的研究开发和水产废弃物的开发利用。

食用鲜鱼浆

鱼浆以新鲜鱼类为原料，常用的有鲔鱼、鲭鱼、黄鱼、明太鳕、鲛鱼等，以鱼肉富有弹性、呈白色的鱼最适合于制鱼浆。在我国，也有采用海鳗、旗鱼及淡水鱼如青鱼、鲤鱼等为原料鱼的。由于所采用的鱼不同，鱼浆制品的风味亦不同。

过去曾被作为饲料用鱼粉的低值水产品，现已大量开发精制成食用鲜鱼浆，然后再用鱼浆生产出风味独特的鱼丸、鱼卷、鱼饼、鱼糕、鱼香肠、鱼点心等各式各样的水产方便食品，既增加了营养源又提高了低值水产品的综合利用率，有效地提高了水产品的附加值。

海洋低值水产品的加工要在加大传统水产食品开发力度的基础上，大量开发精制食用鲜鱼浆，进而以鲜鱼浆为原料生产风味鱼丸、鱼卷、鱼饼、鱼香肠、鱼点心等各式方便食品、微波食品，以及色香味俱佳的高档人造蟹肉、贝肉、鱼翅、鱼子等合成水产食品，提高低值产品的综合利用率和附加值。

过去废弃或被用作动物饲料的低值水产品、小杂鱼等，可将其加工成精制食用鲜鱼浆，然后用鲜鱼浆加工出风味独特的鱼卷、鱼米、鱼丸、鱼饼、鱼香肠、鱼糕及鱼点心等各式各样的方便食品，这不仅可方便人们居家、旅游食用或馈赠亲友，而且可大大提高低值水产品的利用率和附加值。

鱼糜制品

将鱼肉绞碎经配料、擂溃成为稠而富有黏性的鱼肉浆（生鱼糜），再做成一定形状后进行水煮、油炸、焙烤烘干等加热或干燥处理而制成的食品称为鱼糜制品。鱼糜制品在食品工业中应用广泛，既可以作为食品制造业的原料辅料，也可以作为餐饮业直接加工的食品原料。近年来，鱼糜制品加工采用高新技术，由过去生产鱿鱼丸、虾丸等单一品种，发展到机械化生产一系列新型高档次的鱼糜制品和冷冻调理食品，如鱼香肠、鱼肉火腿、模拟蟹肉、模拟虾肉、模拟贝柱、鱼糕、鱼糜面包和虾饼等模拟食品。这种产品可以直接吃，也可以作拼盘、寿司、火

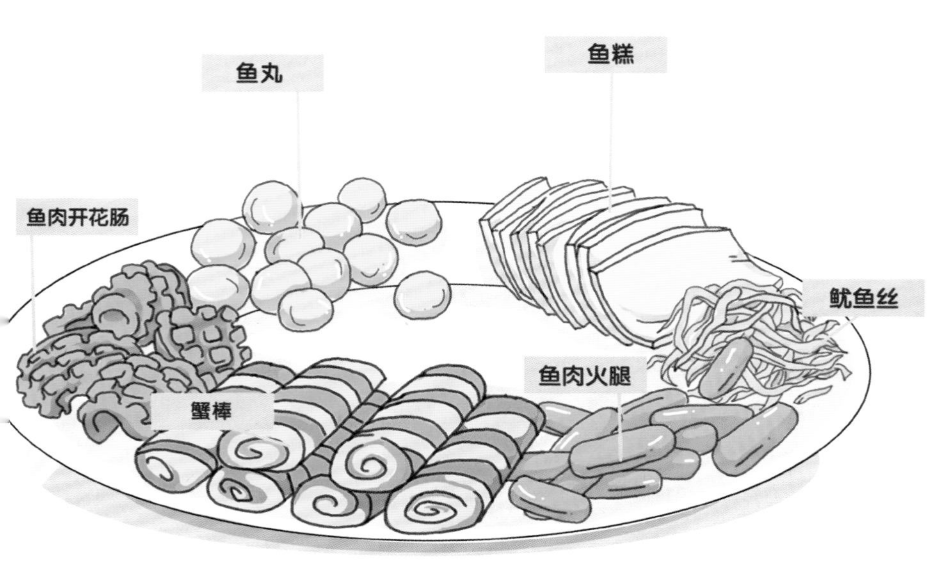

锅的原料，深受消费者的喜爱。

用于制作鱼糜的原料，一般选用白色肉鱼类，如白姑鱼、梅童鱼、海鳗、狭鳕、蛇鲻和乌贼等做原料，生产的制品弹性和色泽较好。红色鱼肉制成的产品白度和弹性不及白色鱼肉，但在实际生产中，由于红色鱼类如鲐鱼和沙丁鱼等中上层鱼类的资源很丰富，仍是重要的加工原料。目前，世界上生产鱼糜的原料主要有沙丁鱼、狭鳕、非洲鳕等。淡水鱼中的鲢鱼、鳙鱼、青鱼和草鱼亦是制作鱼糜的优质原料。

鱼类鲜度是影响鱼糜凝胶形成的主要因素之一。以狭鳕为例，捕获后 18 小时内加工鱼糜可得到特级品，冰保鲜 35~72 小时加工可得到一级鱼糜。原料鲜度越好，鱼糜的凝胶形成能力越强。一般生产的鱼糜制品在弹性上要求能够达到 A 级，因此原料鱼如不能在船上立即加工就必须加冰或冷却海水使其温度保持在 -1~0℃。

加工鱼糜制品工艺流程是：原料鱼处理（各种处理机）—清洗（洗鱼机）—采肉（采肉机）—漂洗（水洗机）—脱水（离心机或压榨机）—精滤（精滤机）—绞肉（绞肉机）—擂溃（擂溃机）—成型（各种成型机）—加热凝胶化（自动恒温凝胶化机）—冷却（冷却机）—包装（真空包装机或自动包装机）。

保健食品

保健食品，又称健康食品，是当今世界食品生产和食品结构发展的新趋向。保健食品的主要特点是高蛋白、低脂肪，能防病治病。食用保健食品能促进身体健康，延年益寿。据专家们的研究，在世上诸多的食品中，水产品堪称保健食品的宝库。因为水产品蛋白含量高，脂肪含量较低，

以水产品为原料，按照一定的配方，配以适当的药物，用水产品之味，取药物之性能，制成各种水产保健食品。由于其胆固醇含量低，可成为真正的“药膳”。将水产品加工下脚料或鱼的内脏经过特殊加工处

理，再配以适当辅料，研制成适合老年人和儿童食用的各种保健食品，如鱼鳞食品、鱼眼食品、墨鱼汁食品、鱼油食品等。鱼内脏和骨架是蛋白水解物的来源，作为生物活性多肽的潜在来源正受到越来越多的关注。鲨鱼软骨用于许多药物制剂中，制成粉末、膏和胶囊，鲨鱼的其他部分也被这样利用，如卵巢、脑、皮和胃。鱼的内脏是特定酶的极佳来源。一系列鱼蛋白水解酶被提取，如胃蛋白酶、胰蛋白酶、糜蛋白酶、胶原酶及脂肪酶。鱼骨作为胶原蛋白和明胶的良好来源，也是钙和其他矿物质的极佳来源，鱼骨中的羟基灰石可在大的创伤或手术后协助快速修复骨骼。鱼鳞被用于加工鱼鳞精，是药品、生化药物和生产油漆的原料。对海绵动物、苔藓虫和刺细胞动物的研究发现了大量的抗癌剂。还有利用虾壳、蟹壳提制药用甲壳素，利用鲜牡蛎提制高级营养药物，利用龟、鳖、海马制造龟鳖精和海马精（丸、酒）等。珍珠制品有珍珠末、珍珠层粉等传统制品和珍珠注射液等保健品，珍珠粉主要用于药物和化

妆品生产。

水产品除了保健和药用，还有加工成美容品和工艺品。绝大部分的鱼子食品、蟹肉产品和虾仁食品等，营养丰富，味道鲜美，还富含卵磷脂等物质，具有健美功效，符合时尚潮流，而备受妇女、儿童和老年人的喜爱，是现在流行的美容及保健食品。鱼胶原蛋白可用于化妆品，鲨鱼牙可制成工艺品，扇贝壳和贻贝壳可用作工艺品和珠宝饰品，以及做成纽扣。

鱼粉和鱼油

鱼粉是碾磨和烘干整鱼或部分鱼体获得的粗粉，鱼油是通过按压煮熟的鱼获得通常清澈的褐色或黄色液体。这些产品可用整鱼、鱼碎末或加工其他鱼时的副产品制作。用于制作鱼粉和鱼油的有多种不同物种，为油性鱼类，特别是秘鲁鳀是利用的主要物种。因对鱼粉和鱼油的需求增长，特别是来自水产养殖产业的需求以及高价格，利用鱼的副产品加工（以前往往被遗弃）的鱼粉份额在增加。非官方的预计显示，鱼粉和鱼油总量中由副产品制成的为25%~35%。由于预期做原料的整鱼没有额外产量（特别是中上层物种），增加鱼粉产量需要回收利用副产品。

尽管鱼油代表着长链高度不饱和脂肪酸可获得的最丰富来源，对人类饮食有重要作用，但大部分鱼油依然用于水产养殖的饲料。由于鱼粉和鱼油产量下降以及高价格，正在开发不饱和脂肪酸的替代来源，包括大型海洋浮游动物种群，如南极磷虾和绕脚类。但是，浮游动物产品的成本太高，无法将其作为鱼饲料中一般油或蛋白材料。鱼粉和鱼油依然被认为是养鱼饲料中最有营养和最易消化的材料。为抵消其高价格，随着饲料需求增长，鱼粉和鱼油用于水产养殖配合饲料的量显示出下降趋势，更多选择作为战略材料在更低水平使用以及在生产的特定阶段使用，特别是孵化场、亲鱼和出塘前使用。

下脚料利用

水产品加工程度越高，产生的废料和其他副产品越多，这类废料和副产品约占鱼和贝类重量的 1/3。过去，鱼的副产品，包括废料，被认为低值，用于饲养动物的饲料或被丢弃。近 20 年，利用鱼的副产品受到重视，副产品的利用成为重要产业，采用高新技术提高加工利用效率，扩大渔业副产品加工用途。鱼头、骨架和切片碎料可直接作为食物或变成食用品，如鱼香肠、鱼糕、鱼冻和调味品。鱼肉很少的小鱼骨加工成风味食品。其他副产品被用于生产饲料、生物柴油 / 沼气、营养品（甲壳素）、药物（包括油）、天然颜料（萃取后）、化妆品（胶原）及其他工业制品。鱼的其他副产品还可作为水产养殖和牲畜、宠物或毛皮动物的饲料，以及制作液体鱼蛋白和作肥料。

鱼的内脏是特定酶的极佳来源。一系列鱼蛋白水解酶被提取，如胃蛋白酶、胰蛋白酶、糜蛋白酶、胶原酶和脂肪酶。蛋白酶，如消化酶用于生产清洁剂，以清除斑块和污垢，以及食品加工和生物学研究。从鱼内脏获得的鱼蛋白水解物和液体鱼蛋白正用于宠物饲料和鱼饲料产业中。

鱼皮，特别是更大的鱼的皮，提供明胶及皮革，用于制衣、鞋、手袋、钱包、皮带和其他商品。通常用于皮革的包括鲨鱼、鲑鱼、魣鳕、鳕鱼、盲鳗、罗非鱼、尼罗尖吻鲈、鲤鱼和海鲈。鱼鳞被用于加工鱼鳞精，是药品、生化药物和生产油漆的原料。

甲壳类和双壳类的壳是重要的副产品，从虾壳和蟹壳中提取的甲壳素具有广泛的用途，如用于水处理，化妆品、厕所用品、食品、饮料、农药和药品生产。用甲壳类废物生产的颜料（类胡萝卜素和虾青素）用于制药业，可从鱼皮、鱼鳍和其他加工的副产品中提取胶原。贻贝壳能提供工业用的碳酸钙，牡蛎壳作为建材原料，还用于生产生石灰。贝壳粉（钙的丰富来源）作为牲畜和家禽饲料中钙的补充品。

海藻产品

2014 年，全世界收获了约 2 850 万吨的海藻和其他藻类。一直以来，海藻都被用于食用和喂养牲畜，后来进一步加工为食品（传统上在日本、韩国和中国），以及制药、制成化妆品等，如用于治疗碘缺乏症和作为杀虫药，或用作肥料。工业化加工海藻提取增稠剂，如藻酸盐、琼脂和卡拉胶或一般以干粉类型用作动物饲料的添加剂。对一些富含天然维生素、矿物质和植物蛋白的海藻物种，利用其营养价值，加工成许多海藻口味的食品（包括冰淇淋）和饮料，亚洲和太平洋区域是主要市场。还有用海藻（海带、裙带菜、紫菜等）加工成有清燥解热作用的海藻晶、海带晶、海萝晶等饮料产品，有用绿海藻加工成能提高食欲的绿藻酱。此外，可用海带加工成能直接添加到挂面、饼干、面包及膨化食品等产品中提高其营养价值的海带精粉、海带浓缩汁等。海藻的特征是成分高度变化，取决于物种、采集时间和生境。专家正在研究将海藻作为盐的替代品，将鱼的废物和海藻作为生物燃料来开发。

小知识

海　　藻

海藻是生长在海中的藻类，是植物界的隐花植物，藻类包括数种不同类以光合作用产生能量的生物。它们一般被认为是简单的植物，主要特征为：无维管束组织，没有真正根、茎、叶的分化现象；不开花，无果实和种子；生殖器官无特化的保护组织，常直接由单一细胞产生孢子或配子；无胚胎的形成。

五 渔业资源环境的保护

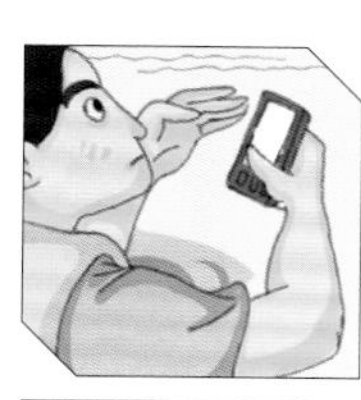

渔业资源与水环境密不可分。2012年3月，广东省东莞市松木山水库出现大面积死鱼现象，据调查，造成此次大面积死鱼的原因是大量污染物经排污口流入，导致水体质量下降。加上近期气温升高，水底微生物大量繁殖，消耗水中溶解氧，造成水体底部缺氧，导致鱼类大面积死亡。

而早在2007年5月12日，湖南省宜章县赤石乡“三无”冶炼企业排放含有剧毒砷化物和镉的废水，经武江支流田头水跨省界流入广东省乐昌市境内，造成田头水的砷化物和镉含量超标几十倍，部分河段出现死鱼，并影响了乐昌市黄圃镇和田头镇的居民生活用水。经群众举报后，广东和湖南两地政府高度重视，迅速关停了上游污染企业，利用武江梯级电站调水加大水量控制污染物下移速度。由于处理及时，措施正确，污染得到及时有效地控制，未对武江干流水质造成明显污染。如果当时任事态发展，武江水流入下游的珠江，对整个珠江河道都会产生严重污染，后果不堪设想。

渔业资源是指天然水域中具有开发利用价值的鱼、甲壳类、贝、藻和海兽类等经济动植物的总体，是渔业生产的自然源泉和基础。按水域分内陆水域渔业资源和海洋渔业资源两大类。其中鱼类资源占主要地位，有2万多种，估计可捕量0.7亿~1.15亿吨。海洋渔业资源（不包括南极磷虾）蕴藏量估计达10亿~20亿吨。随着经济社会发展和人口不断增长，水产品市场需求与资源不足的矛盾日益突出。受诸多因素影响，目前我国自然水域鱼类资源严重衰退，水域生态环境不断恶化，部分水域呈现生态荒漠化趋势，外来物种入侵危害也日益严重。

随着人类活动的加剧，在全球范围内，蔚蓝的海洋和清澈的江河正遭遇史无前例的生态危机。原油泄漏、垃圾倾倒、工业排放……当沿海沿江成为各国各地区发展工业的首选地时，干净的水域是否注定与我们渐行渐远？

渔业资源调查

渔业资源调查，是对水域中经济动植物个体或群体的繁殖、生长、死亡、洄游、分布、数量、栖息环境、开发利用的前景和手段等进行调查，是发展渔业和对渔业资源管理的基础性工作，分为管理性调查和开发性调查两类。前者针对已开发的渔场进行，旨在合理利用水产资源以取得最大的合理的持续产量。后者是针对未开发的水域进行的，旨在探明新的捕捞对象和相应的开发手段。

渔业资源调查内容

（1）特定水域范围内的可捕鱼类和其他水生经济动植物的种群组成。

（2）种群在水域分布的时间和位置。

（3）可供捕捞种群的数量或已开发程度。

（4）进行开发的适宜技术和手段。

（5）必要的投产方式及合理发展生产的建议。

（6）恢复和合理利用已过度开发资源的意见等。

渔业资源调查的质量有赖于大量的海洋调查资料，以提供有关世界各大洋环流和生物分布的范围，如大陆架、公海的鱼类密集分布区往往和不同海流的交汇区、涌升流域表层的辐合区密切相关，近海、河口区域的鱼类同样和交汇区、河川径流有关等。因此，对海洋学、水文学资料的分析是渔业资源调查的一个重要方面。

南海渔业资源调查

南海，又称南中国海，是许多岛屿、沙洲、礁、暗沙、浅滩和其周围海面的总称，南北绵延约 1 800 千米，东西分布 900 多千米，共有岛、礁、沙、滩 200 多个。南海和南海诸岛全部在北回归线以南，接近赤道，属赤道热带海洋性季风气候。南海渔业的丰富性及自然资源的多样性，为南海资源的开发利用提供了得天独厚的优势。南海鱼、虾、贝、蟹有 3 000 多种，很多具有极高的经济价值。目前，远海捕捞产量较高的品种主要有马鲛鱼、石斑鱼、金枪鱼、乌鲳鱼和银鲳鱼。

我国第一艘自主设计建造、亚洲最大的渔业科考船“南锋”，属于坐落在广州市的中国水产科学研究院南海水产研究所。“南锋”科考船于 2013 年 3 月 17 日抵达南海南沙群岛海域，开始执行“南海渔业资源调查与评估”首次调查任务。位于南海南部的南沙群岛及其海域面积 82 万多平方千米，渔业资源丰富，自古以来一直是我国的神圣领土和我国渔民世代作业的传统渔场。到 2015 年 2 月 23 日，“南锋”圆满完成对我国中沙、西沙海域第 4 航次的调查，全面完成了我国对南海中南部海域的新一轮渔业资源调查，顺利返抵广州。经过近两年的系统调查，我国已基本摸清南海中南部海域渔业资源现状。

据初步调查，南沙海域渔业资源蕴藏量约 180 万吨，年可捕量 50 万 ~60 万吨，名贵和经济价值较高的鱼类有 20 多种；中沙、西沙海域中层鱼资源量为 7 300 万 ~17 200 万吨，乌贼现存资源量为 400 多万吨，年可捕量约 300 万吨，是我国当前乃至未来可以利用的大宗战略海洋生物资源。该专项调查将为维护南沙海洋渔业权益提供全面、科学、权威的数据和资料。

“南锋”科考船启航前往南海西部开展海洋渔业科学考察

珠江渔业资源调查

珠江水系由西江、东江、北江及珠江三角洲等江段组成，珠江流域面积 44.3 万千米 ^{2}，渔业资源丰富。珠江渔业资源调查由坐落在广州市的中国水产科学研究院珠江水产研究所主持，该所会同华南师范大学有关大专院校和科研单位，从 1980 年开始，共同对珠江水系 15 条江河，以及隶属的 9 个重点水库和 2 个湖泊的自然概况、水域污染、鱼类区系等方面，进行了长达 4 年的渔业资源调查研究，并于 1985 年写出 100 多万字的调查报告。这次调查主要成果有：

（1）对珠江水系的鱼类区系组成及生态分布特点进行了评述。经鉴定，珠江水系共有鱼类 381 种，比历史资料记载的 280 种，种群数量有较大增加。在繁多的鱼类中，以热带、亚热带及河口鱼类较多，另外有 9 种鱼类为珠江水系所特有。不仅有青鱼、草鱼、鲢鱼、鳙鱼、鲮鱼等我国重要的养殖鱼类，而且又有经济价值很高的卷口鱼、鳗鲡、广东鲂、中华鲟等名贵鱼类。

珠江渔业资源调查采样

（2）对100多种经济鱼类中经济价值较高的31种鱼类的生物学特性，进行了全面、深入的研究。针对每种鱼类都撰写了专著，加以详细论述。

（3）对珠江水系渔业资源及近河口鱼类资源的分布和变动，做了详尽的科学分析。

（4）对广西江段鱼类的产卵场，广东鲂的产卵场，广西红河主要经济鱼类种群数量，广西岩溶洞穴鱼类及水生生物，广东北江鱼类区系及鲃亚科、亚科鱼类，以及这次调查发现的鱼类新种和鱼类寄生虫等，进行了研究，并撰写了17篇专题报告。

（5）对浮游生物、底栖生物、水生维管束植物、水化学状况、水域污染、鱼体残毒等方面，也进行了调查和监测，积累了可贵的资料。

此外，提出了发展渔业资源的具体建议和措施。

珠江水系主干流西江长2 129千米，20世纪80年代，珠江鱼类有381种，其中西江有130种，后来渔业生产发生较大的变化。2007年5月，由珠江流域渔业管理委员会办公室、中国水产科学研究院珠江水产研究所，联合广东省渔政总队肇庆支队组成了“西江下游渔业综合调研组”，选择具有代表性的西江肇庆至梧州江段进行调查。调查结果显示：西江鱼种类减少了50.8%，资源仍不断衰退，捕捞渔民老龄化，渔业水域生态环境恶化，渔业综合效益下降。

广州大学生命科学学院和生物多样性研究所，联合华南师范大学生命科学学院，于2007年8月至2009年4月对广州市进行了水生生物本底调查，调查水系包括广州市管辖的流溪河、增江、琶江、珠江水系广州河段、狮子洋和伶仃洋以及南沙区的4个海岛。从花都、增城和从化的山溪到珠江的出海口、广州下辖的海洋，以及水库进行了为期2年的调查，共设132个样点，各样点每季采样1次。采样方法：较深的河流、水库、海洋用彼得生挖泥器采样，较浅的山溪、岛屿潮间带，直接用铁锹挖取25厘米×25厘米×30厘米的泥，采泥时，用采样器现将周边的泥挖去，再将深30厘米的泥采集。海洋采样方法：用底拖网，航速1.852千米。在山溪也用D形网在样点周围直接捞取30分钟。

广州海域地处亚热带，河网密布，气温高，雨量充沛，是咸淡水混合区，盐度变化范围大，有随潮流带进的大量营养盐类，又有径流带来的有机物质，饵料丰富。由于海岛和滩槽的影响，形成复杂的潮流流向，生态环境较为复杂，适合许多海洋生物产卵和仔稚鱼生长发育，是良好的栖息和繁殖场所，渔业资源较为丰富。

渔业资源主要可分4类：第一类为随咸水上溯至珠江口附近繁殖的棘头梅童鱼、黄鲫、黄姑鱼、青鳞、马鲛鱼、鲶鱼、康氏小公鱼；第二类为从咸水溯江洄游产卵的鲥鱼、黄鱼；第三类为从江河入海洄游产卵的日本鳗鲡；第四类为常年在江河繁殖的鲈鱼、七丝鲚、银鱼、广东鲂、舌鳎。

洄游栖息地保护

洄游是鱼类对环境的一种长期适应，它能使种群获得更有利的生存条件，更好地繁衍后代。鱼类洄游的分类，按鱼类不同的生理需求，可分为产卵性洄游、索饵性洄游和越冬性洄游；以鱼类生活史不同阶段，可分为成鱼洄游和幼鱼洄游等；而按鱼类所处不同生态环境则可分为海洋鱼类的洄游、溯河性鱼类的洄游、降海性鱼类的洄游与淡水鱼类的洄游4种类型。其他水生动物如对虾等也有洄游习性。研究并掌握鱼类洄游规律，对于预报汛期、渔场，保护鱼类繁殖，提高渔业生产和资源保护管理的效果及放流增殖等具有重要意义。

繁殖条件是鱼类自然种群兴衰最重要因素之一，改造和改善鱼类的繁殖条件，或在繁殖条件遭到破坏时，采取补救措施，弥补自然条件的不足，是鱼类资源增殖的一项重要措施。在自然繁殖条件遭到破坏的水域，模拟天然繁殖的某些条件，建立半人工或全人工的鱼类产卵场，是补偿自然繁殖条件不足的一种有效方法。

人工鱼礁

人工鱼礁是人为在海中设置的构造物，其目的是改善海域生态环境，营造海洋生物栖息的良好环境，为鱼类等提供繁殖、生长、索饵和避敌的场所，达到保护、增殖和提高渔获量的目的。鱼礁是适合鱼类群集栖息、生长繁殖的海底礁石或其他隆起物，为鱼类等提供良好的栖息环境和索饵繁殖场所，使鱼类聚集而形成渔场。选择适宜的海区，投放石块、树木、废车船、废轮胎和钢筋水泥预制块等，形成人工礁，可诱

人工鱼礁

集和增加定栖性、洄游性的底层和中上层鱼类资源，形成相对稳定的人工鱼礁渔场。

建设人工鱼礁的材料种类繁多，从汽车到轮船，从水泥到玻璃钢等。投放人工鱼礁的目的也不再仅仅限于聚集鱼群增加渔获量，在增殖和优化渔业资源、修复和改善海洋生态环境、带动旅游及相关产业的发展、拯救珍稀濒危生物和保护生物多样性以及调整海洋产业结构、促进海洋经济持续健康发展等方面都有重要意义。

进入 21 世纪，以广东为开端，沿海省市又掀起了新一轮人工鱼礁建设高潮，作为恢复渔业资源、改善海底生态环境、提高海洋渔业生产力的重要手段。广东省从 2002 年起，在沿岸约 5.4 万千米^2 的幼鱼幼虾繁育区里，按 10% 左右（约 5 400 千米^2）的比例，建设了 12 个人工鱼礁区，共 100 座人工鱼礁，其中生态公益型 26 座、准生态公益型 24 座、开放型 50 座。到 2013 年 9 月，全省已建成人工鱼礁区 42 座，正在建设 8 座，投放报废渔船 88 艘、混凝土预制件礁体（沉箱）75 499 个，礁区空方量达 4 003 万米^3，礁区核心区面积 300 千米^2。

人工鱼礁建设涉及水产资源、鱼类生态、环境工程等多个学科，在议案实施过程中，广东从建设的规模、布局、选点、礁体设计、施工投放、开发利用和管理的各个环节都紧紧依靠科学技术，认真论证，避免盲目性。由广东省海洋与渔业局牵头，建立广东省人工鱼礁研究室，邀请中国水产科学研究院资源与环境研究中心、国家海洋局第三海洋研究所、暨南大学水生生物研究中心、香港渔农自然护理署等省内外科研院所等有关专家参加，成立了广东省人工鱼礁建设专家指导咨询委员会，围绕人工鱼礁水动力学及生态效应、人工鱼礁附着生物、混凝土人工鱼礁结构优化、广东省人工鱼礁礁体、礁区配置布局等课题进行了研究，通过科学试验，选用合适的材料，设计合理形状，使人工鱼礁在海底稳固、耐腐。

通过对已建人工鱼礁区的监测发现，人工鱼礁礁体上附着各式各样的海洋生物，有海胆、翡翠贻贝、牡蛎、藻类等，其覆盖率超过了95%。随着水生物资源的恢复，处于食物链上层的经济鱼类会被吸引进入人工鱼礁区觅食，礁区周围发现了细鳞鯻、斑鳍天竺鲷、九棘鲈等23种海洋经济鱼类，以三线矶鲈、金钱鱼、四线天竺鲷和黄斑蓝子鱼为主的鱼群在礁体四周活动。采用资源增殖评估方法和海洋牧场生态服务功能评估模型进行计算，已建成的人工鱼礁区，每年直接经济效益达106 395元/公顷（包括捕捞收入、养殖收入、旅游收入等），每年生态效益达56 100元/公顷（包括水质净化调节、生物调节与控制、气候调节、空气质量调节等）。惠州市大亚湾区澳头街道办事处东升村，投礁前渔民年平均收入不到5 000元，投礁后渔民通过搞渔家乐等海上休闲活动，年收入平均达6 500元。

海洋牧场

过度捕捞、粗放式养殖、栖息地破坏和环境污染等原因，使得一些海域生态环境受损，渔业资源衰退，严重影响了海洋渔业的可持续发展。因此，研究和探索一种新型的海洋渔业生产方式，在修复海洋生态环境、涵养海洋生物资源的同时，科学地开展渔业生产，持续提供优质安全的海洋食品，是海洋渔业科技工作的当务之急。海洋牧场就是这样一种新型的现代海洋渔业生产方式。

海洋牧场主要包括以下6个要素：

（1）以增加渔业资源量为目的，表明海洋牧场建设是追求效益的经济活动，资源量变化反映海洋牧场建设成效，强调监测评估的重要性。

（2）明确的边界和权属，该要素是投资建设海洋牧场、进行管理并获得收益的法律基础，如果边界和权属不明，就会陷入“公地的悲剧”，投资、管理和收益都无法保证。

（3）苗种主要来源于人工育苗或驯化，区别于完全采捕野生渔业资源的海洋捕捞业。

（4）通过放流或移植进入自然海域，区别于在人工设施形成的有限空间内进行生产的海水养殖业。

（5）饵料以天然饵料为主，区别于完全依赖人工投饵的海水养殖业。

（6）对资源实施科学管理，区别于单纯增殖放流、投放人工鱼礁等较初级的资源增殖活动。

由此衍生出海洋牧场的六大核心工作，即绩效评估、动物行为管理、繁育驯化、生境修复、饵料增殖和系统管理。

综上所述，海洋牧场定义为，基于海洋生态学原理和现代海洋工程技术，充分利用自然生产力，在特定海域科学培育和管理渔业资源而形成的人工渔场。通过人工投饵、环境监测、水下监视等技术手段进行渔场运营和管理，是保护和增殖渔业资源，修复水域生态环境的重要手段。

现代海洋牧场不等同于增殖放流和人工鱼礁建设。增殖放流是海洋牧场建设的一个环节，是将人工孵育的海洋动物苗种投放入海而后捕捞的一种生产方式。人工鱼礁是为入海生物提供栖息地，是海洋牧场建设过程中采用的一种技术手段。真正的海洋牧场建设更包括苗种繁育、初级生产力提升、生境修复、全过程管理等关键环节。

2006 年，国务院印发《中国水生生物资源养护行动纲要》提出“建立海洋牧场示范区”的部署，2007 年以来中央财政对海洋牧场建设项目开始予以专项支持。各级渔业主管部门积极响应，社会各界广泛参与，目前全国海洋牧场建设已形成一定规模，经济效益、生态效益和社会效益日益显著。2013 年，《国务院关于促进海洋渔业持续健康发展的若干意见》明确要求“发展海洋牧场，加强人工鱼礁投放”。2015 年 4 月，农业部组织开展国家级海洋牧场示范区创建活动，将通过 5 年左右时间，在全国沿海创建一批区域代表性强、公益性功能突出的国家级海洋牧场示范区，不断提升海洋牧场建设和管理水平，积极养护海洋渔业资源，实现渔业可持续发展和渔民增收。

水域水质监测

广东省每年编制渔业生态环境监测网常规监测工作方案，主要涵盖重要渔业水域的监测、人工鱼礁区资源环境调查和评估工作、渔业资源常规监测等方面。到 2015 年，广东省渔业资源动态监测网络共有监测点 26 个（其中海洋监测点 20 个、江河监测点 6 个），监测船 150 艘（其中海洋捕捞监测船 108 艘、江河捕捞监测船 42 艘，作业方式包括拖、围、刺、钓等），监测范围基本上覆盖了广东省重点渔业水域。另外，对潮州柘林湾经济鱼类网箱养殖区，汕头近岸幼鱼、幼虾索饵场，深圳市大鹏湾鱼类养殖区，珠江口伶仃水域中华白海豚自然保护区，珠海桂山湾海水经济鱼类养殖区，茂名水东港经济鱼类网箱养殖区，湛江雷州湾经济鱼类养殖区，湛江流沙湾经济鱼类养殖区，江门川岛中国龙虾国家级水产种质资源保护区，共 9 个重要渔业水域的环境进行了监测。监测内容包括水中 pH、溶解氧、化学需氧量、无机氮、磷酸盐、石油类、铜、锌、铅、镉、铬、汞、砷等，底质中的石油类、铜、铅、锌、镉、汞、砷等。同时，对省人大议案要求建设的 50 座生态型和准生态型人工鱼礁区的最后两个启动建设的礁区，开展了建礁前资源环境本底调查，为礁体选型设计及投放布局提供了参考依据。

建设水产种质资源保护区

环境变化、水域污染、过度捕捞等，导致鱼类资源下降、水产种质资源衰退，威胁渔业的可持续发展，而建设水产种质资源保护区，可弥补对渔业经济生产极为重要的水产种质资源保护的空缺。

水产种质资源保护区是指为保护和合理利用水产种质资源及其生存环境，在保护对象的产卵场、索饵场、越冬场、洄游通道等主要生长繁育区域依法划出一定面积的水域、滩涂和必要的土地，予以特殊保护和

管理的区域。水产种质资源保护区分为国家级和省级。与其他自然保护区一样，水产种质资源保护区也划分核心区和实验区，不同的是，水产种质资源保护区不设缓冲区，并对主要保护对象设有特别保护期。

水产种质资源保护区执行《中华人民共和国渔业法》《中华人民共和国野生动物保护法》《中国水生生物资源养护行动纲要（2006）》《水产种质资源保护区管理暂行办法（2010）》等相关法律法规的要求，规范划建和管理工作。广东省积极参与国家级水产种质资源保护区的建设，自 2007 年创建第一批水产种质资源保护区，截至 2015 年底，已建水产种质资源保护区 16 个，其中海洋类型 3 个、内陆类型 13 个。内陆类型以珠江水系及韩江水系等广东流域为主，海洋类型以南海近岸海域为主。主要保护物种涵盖中国龙虾、斑鳠、鲤鱼、大刺鳅、唐鱼、花鳗鲡、异鱲、大眼鳜、南方波鱼、拟细鲫、平头岭鳅、青鳉、近江牡蛎、赤眼鳟、海南红鲌、黄尾鲴、黑颈乌龟、尖紫蛤、鲻鱼、斑鳢、长毛对虾、海鳗、赤点石斑、花鲈、三疣梭子蟹、锯缘青蟹等；还对光倒刺鲃、广东鲂、斑鳠、大刺鳅等鱼类的产卵场、鱼类洄游通道、完整的江河生态系统进行了有效保护。

广州市于 2007 年建立流溪河光倒刺鲃国家级水产种质资源保护区，位于从化境内的流溪河干流和重要支流，长 113 千米，平均宽度 200 米；总面积 2 260 公顷，其中核心区面积 1 632 公顷，实验区面积 628 公顷，核心区特别保护期为 3—7 月。2009 年建立增江光倒刺鲃大刺鳅国家级水产种质资源保护区，保护区位于广州市增城境内的增江上段，总面积 438.7 公顷，其中核心区位于蒙化花布至黄塘河段，面积为 130.3 公顷，实验区位于核心区向上、下游分别延伸至黄屋和西园河段，面积为 308.4 公顷。核心区特别保护期为 3—8 月。保护区主要保护对象为光倒刺鲃、大刺鳅，其他保护物种包括斑鳠、鲮鱼、三角鲂、斑鳢、月鳢、光倒刺鲃、海南红鲌、海南华鳊、黄颡鱼等。

建设渔业自然保护区

自然保护区是指对有代表性的自然生态系统、珍稀濒危野生动植物物种的天然集中分布、有特殊意义的自然遗迹等保护对象所在的陆地、陆地水域或海域，依法划出一定面积予以特殊保护和管理的区域。中国自然保护区分国家级自然保护区和地方级自然保护区，地方级又包括省、市、县三级自然保护区。广东省渔业保护区建设从 1983 年起步，相继建立雷州白蝶贝自然保护区、大亚湾水产资源自然保护区、湛江硇洲岛海珍自然保护区和惠东海龟自然保护区 4 个自然保护区，面积为 15.3 万公顷。

1994 年国务院出台《中华人民共和国自然保护区条例》，一批批地方级自然保护区才相继建立，广东省分别建立了珠江口中华白海豚自然保护区、徐闻珊瑚礁自然保护区等 10 个自然保护区，总面积 12.4 万公顷。截至 2015 年底，广东省已建成海洋与渔业自然保护区 88 个，其中国家级自然保护区 5 个，省级自然保护区 8 个，市县级 75 个。

广州市也积极建设渔业自然保护区。1932 年，鱼类学家林书颜等首次在白云山发现唐鱼（又名白云金丝鱼），并带往西欧，很快流传至世界各地，成为人们喜爱的观赏鱼。唐鱼是广州地区特有鱼类，已被列为国家 II 级保护动物。由于人类的不断捕杀，唐鱼数量急剧下降，濒临灭绝，《中国濒危动物红皮书（1988）》把唐鱼濒危等级列为“野生灭绝”。

唐鱼市级自然保护区

2003 年，在广州从化市良口镇良新村重新发现唐鱼自然种群，从化市于 2007 年 12 月在良口镇良新村横坑建立唐鱼自然保护区，使得唐鱼自然资源得到了抢救性的保护。2011 年 10 月，经广州市人民政府批准，从化唐鱼自然保护区升格为广州市级自然保护区，保护区内的野生唐鱼不仅过着安逸恬静的生活，野生种群数量早已经发展到“不用再担心灭绝”的地步。

增城于 2009 年 6 月设立兰溪河水生野生动物及其生态自然保护区，主要保护三线闭壳龟、细痣疣螈、地龟、虎纹蛙等国家 II 级重点保护动物和珍稀特色鱼类（光倒刺鲃、鲮鱼、异鱲、拟细鲫等）的产卵场。保护区主要在正果镇兰溪村、畲族村范围内，总面积为 142.28 公顷。

兰溪河具有非常独特的水域生态类型，得天独厚的天然环境使得保护区内的动植物资源非常丰富，有国家级保护动物细痣疣螈、花鳗鲡，广东省保护动物黄喉拟水龟、三线闭壳龟，濒危野生动植物种国际贸易

渔业自然保护区

公约（CITES）附录Ⅱ中的虎纹蛙等，其中细痣疣螈在本地是初次发现。兰溪河上游河段是光倒刺鲃的产卵场，每年的繁殖季节，大量的亲鱼跃过下游水坝的阻拦上溯到此河段产卵，还有多种其他鱼类也在此产卵繁殖。因此，兰溪河产卵场功能具有极为重要的保留价值。

珍稀物种的保护

2006年，国务院发布《中国水生野生物资源养护行动纲要》，颁布了《中华人民共和国濒危野生动植物进出口管理条例》，水生野生动物的保护工作逐步规范。

水生野生动物驯养

根据《中华人民共和国野生动物保护法》关于“加强资源保护、积极驯养繁殖、合理开发利用”的方针，确立了“加强保护、促进养殖、规范利用”的思路，积极鼓励和引导企业和个人开展水生野生动物的驯养繁殖。到2015年，广东共办理各类水生野生动物驯养繁殖证7 693份，驯养繁殖场已达数千家，养殖品种主要为鲟鱼、胭脂鱼、龟鳖类、大鲵、花鳗鲡，此外还有进口的鳄鱼及用于观赏的金龙鱼等，其中，茂名电白区、惠州博罗县、佛山顺德区、东莞、广州的龟鳖类养殖已经成为当地的致富产业。

水生野生动物人工繁殖

在鼓励驯养的同时，积极组织开展相关技术研究，许多品种在人工繁殖方面已取得重大突破，特别是大鲵和龟鳖类，其中，已攻克大鲵全人工繁殖技术，子二代、子三代已繁育成功并通过专家鉴定。2015年，龟鳖类、大鲵的人工驯养已初具规模，对调整渔业产业结构和促进渔民增收致富起到了积极作用。

水生野生动物拯救护养

通过建设海洋、水产等类型自然保护区，加强对水产资源、珍稀濒危水生动物的保护及维护生态平衡和生物多样性，主要保护对象为海龟、中华白海豚、鼋、珊瑚、三线闭壳龟、白蝶贝、大鲵等。2008 年成立的广东省水生野生动物救护网络，可全面承担起广东因误捕、受伤、搁浅、罚没、移交的水生野生动物的救护、暂养等工作。2012 年共有 26 个成员单位，包括救护设施完善、救护技术成熟的水生野生动物救护中心（站）、海洋与水产类型自然保护区及水生野生动物特种养殖场、大型水族馆、海洋馆等单位，基本覆盖全省的大部分区域。

渔业资源增殖

渔业资源增殖，是指用人工方法直接增加水域生物种群的数量或移入新的种群，以提高渔业资源的数量和质量的措施。广义的资源增殖也包括某些间接增加水域种群资源量的措施。常用的渔业资源增殖的方法有以下几种：

人工放流渔业资源

人工放流，即将一定规格和数量的人工繁殖培育的苗种，选择在环境条件适宜、敌害少和饵料丰富的水域放流，以补充和增加水域的自然资源量。

增殖放流活动不仅对维护渔业资源有十分重要的作用，更重要的是可通过此类活动，营造一个爱护环境、保护渔业资源的良好社会氛围，提高公众环保意识，使更多的人关注渔业、关注资源，自觉地保护好生态环境。

人工放流鱼苗

渔业资源移植驯化

移植驯化，即将新的水产资源生物种群移入一定水域，使其适应新的环境自然定居繁殖，形成新的有捕捞价值的种群。

移植和驯化是两个不同的概念，把鱼类移入原来栖息条件相近的水域称为移植；把鱼类养殖于与原产地自条件不同的新水域，鱼类在某种程度上改变自己的遗传特性以适应新的环境条件则可称为驯化。在自然情况下，有的可自行移植传播，有的由于地理、水流等原因，移植缓慢，或不能自然移植，为了开发利用水域生产力，常常采用移植驯化的措施，促进水域生产力的发展。

水域中现有经济鱼类不能利用所有饵料资源，因此水域的鱼产量远低于它所能提供的鱼产力。很明显，移入能够利用这种饵料资源的鱼类，就能提高鱼产量。我国许多水库、湖泊放养鲢鱼、鳙鱼之所以能增产，就因为这些水域一般都缺少能够很好地利用浮游生物的鱼类；同样道理，许多水库没有吃腐屑的鱼类，放养鲴亚科类也能增产。

由于某些原因，水域状况（盐度、气候、温度等）发生变化，使环境条件变得不适于原有鱼类，因此必须把适于变化后环境条件的种类移入。

六 海洋是未来的粮仓

我国晋朝有一个叫木华的文人，写了一篇《海赋》，描述了他想象中的海洋世界，将水域称之为“水府”，其中有言：“尔其水府之内，极深之庭，则有崇岛巨鳌，峌孤亭。擘洪波，指太清。竭磐石，栖百灵。飏凯风而南逝，广莫至而北征。其垠则有天琛水怪，鲛人之室。瑕石诡晖，鳞甲异质。”把人类对海洋深处的想象写得生动而充满传奇色彩。

中国古典小说《西游记》里，便有许多关于水中世界“龙宫”的描写，鱼虾龟鳖、珠蚌贝虫，都被赋予了特别的灵性。

传统戏剧《柳毅传书》中甚至还记述了书生柳毅因帮助受困龙女而获得爱情的故事。

生命以水为源。对于海洋，人类自古就有许多奇思妙想。

民间俗语里，有“靠山吃山，靠水吃水”的说法，也就是说，水域是可以提供足够人类生存的食物资源的。由于水产品为人类生活提供了丰富的资源，科学家们把海洋比作人类未来生活的粮仓。

我国有广阔的海域和丰富的江河湖泊资源，在高新技术飞速发展的今天，无论是海洋渔业还是淡水渔业，科技元素已经融入养殖、捕捞、运输、储存、加工、销售、水资源环境保护的各个环节，渔业产品与人们的日常生活紧密相关，不仅提供给我们一日三餐的食源，还在医药健康、有机肥等领域原材料的供应与深加工等方面提供丰富的原材料。随着人类生活方式和气候环境条件的变化，无论是海洋渔业还是淡水渔业，必将面临更多的新情况、新问题，高新技术因素将在现代渔业领域发挥越来越大的影响力。

1 渔业资源有待开发

海洋所能提供给我们的并不是传统意义上的粮食——大米、小麦和玉米等，而是广义的粮食——其他的能够满足人类营养需要的食物。一些海洋学家指出：仅仅是位于近海水域自然生长的海藻，每年的生长量就已相当于目前世界小麦年产量的 15 倍。如果把这些藻类加工成食品，就可以为人类提供足够的蛋白质。至于海洋中众多的鱼虾，则更是人们熟悉的食物。何况，在深海和远洋中还有许许多多尚未被我们开发利用的海洋生物，其巨大潜力是不言而喻的。说大海是人类未来的粮仓，看看下列尚未很好开发的海洋生物，一点儿也不夸张。

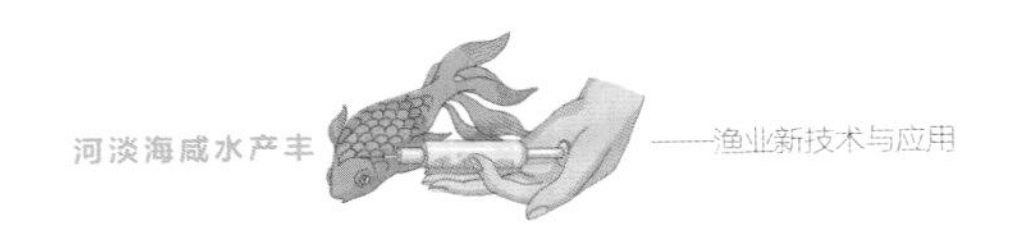

海藻资源

其实，把藻类作为食品，我们并不陌生。仅以我国沿海来说，人们比较熟悉的可食用藻类就有褐藻类的海带、裙带菜、羊栖菜、马尾藻，红藻类的紫菜、鹧鸪菜、石花菜，绿藻类的石莼、浒苔等。它们在人工的精心养殖下，产量正在不断增加。其中仅海带一种，目前年产量就比早先的野生状态下提高了 2 000 多倍，可见其增产潜力是多么巨大！在国外，人们还培育出一种藻类新品种，据说在 1 公顷水面上生产的这种藻类，经加工后可获得 20 吨蛋白质、多种维生素以及人体所需的矿物质，这相当于陆地上耕种 40 公顷土地生产的大豆所能提供的同类营养物。

浮游生物

除海藻类，海洋中还有丰富的肉眼看不见的浮游生物。有人做过估算，若能把它们捕捞出来，加工成食品，足可满足当今世界 60 亿人的需要。当然，前提是不破坏生态平衡。

南极磷虾

尽管近海的鱼虾捕捞已近极限，但我们还可以开辟远洋渔场，发展深海渔业。例如南极磷虾，个体不大，一般体长 3~5 厘米，但是蕴藏量却十分惊人，估计有 4 亿 ~6 亿吨，我们只要捕获其中的 1 亿吨，就比当今全世界一年的捕鱼量还多。

2 发展态势不容乐观

人们曾经认为，广阔江河湖泊及海洋里的渔业资源是取之不尽的，但随着渔业高新技术的出现，渔业资源的有限性渐渐被人们认识到。尤其是 20 世纪 90 年代以来，水产品的捕捞和消费量迅猛发展，使得渔业资源受到严重威胁。但是，全球对水产品的需求量有增无减，于是，水产养殖业成为弥补水产品供求之间的巨大缺口的重要途径。因而，现代的渔业发展的态势并不乐观，需要引起人们的高度警觉，具体表现在以下几个方面：

水产消费增长

自 20 世纪中期以来，全球水产消费量翻了一番。几乎所有的增长量都被发展中国家人口消费。人口、收入和城市化进程加快，使得发展中国家对水产品的消费增长加快。这种情况，在经济迅速发展的中国，尤为明显。

水产品除了被当作食品，还被用来作为各类动物饲料，世界野生捕捞鱼的近 1/3 被制成鱼粉或鱼油用于禽、猪等家养动物的饲料和养殖的食肉性鱼类的饲料。未来 20 年中，水产养殖业还会快速发展，专家们担心，对鱼粉和鱼油的大量需求将使本已受到威胁的渔业资源受到更大的威胁。

养殖产量增加

水产品的捕捞产量有相对的局限性，水产品的总产量的增加多来自养殖业的大发展，尤其是发展中国家养殖业的发展。养殖产量占食用鱼产量的 40%，亚洲国家占世界养殖产量（以重量计）的 87%。由于养殖渔民扩大养殖水面和单位养殖面积收入的增加，未来几十年中，水产品产量的增加将大部分来自于养殖产量的增加。由于野生鱼产量增长缓慢，养殖鱼的产量水平将决定水产品的相对价格。

产品价格上升

水产品对国际贸易的依赖性很强。20 世纪 90 年代晚期，50% 以上的出口水产品来自发展中国家。因需求持续增加，产量增长缓慢，水产品价格迅速上升。

世界渔业前景展望

在世界渔业发展中最为引人注目的现象是，中国迅速崛起成为世界第一水产大国，无论是国内水产品消费市场，还是渔业生产产量，或者在世界水产品贸易中的份额，中国都占有举足轻重的地位，而同时日本等传统的水产大国的水产产量则逐渐下降。抓住渔业领域出现的变化，把前瞻性的政策与新技术紧密结合，决策者就可以保证渔业的可持续发展。

水产品价格

未来很长一段时间内，与其他食品相比，水产品价格将继续攀升。在可预见的各种可能的情况下，食用鱼、鱼粉和鱼油的价格都将升高。加快发展水产养殖业，可以减缓水产品价格增长的势头。

水产品消费

发展中国家的水产品消费量将上升，发达国家的消费量将维持不变。在中国，随着中西部经济的发展，人们对水产品的需求会进一步地扩大，市场前景广阔。因此，渔业生产快速发展的势头可能会持续，且发展中国家所占份额也会越来越大。

水产品贸易

发展中国家的净出口将持续增长，但不会有目前增长得这么快，这主要是由于这些国家人口增长、收入增长和城市化进程的加快而带来的国内需求的增加。

渔业科技进步

水产品的需求量将持续增长，要能够满足市场需求，新技术必须发挥重要作用，高新技术在渔业未来的发展进程中将会产生更大影响。卫星遥感技术和其他信息技术可以更加精确地估计渔业资源量，帮助监视渔船活动，提供更多的关于鱼产品产地和质量的信息。技术进步对于避免某些作业活动带来的环境破坏和浪费也是至关重要的。水产养殖、运输、加工、储存更具效率，更加高科技化。

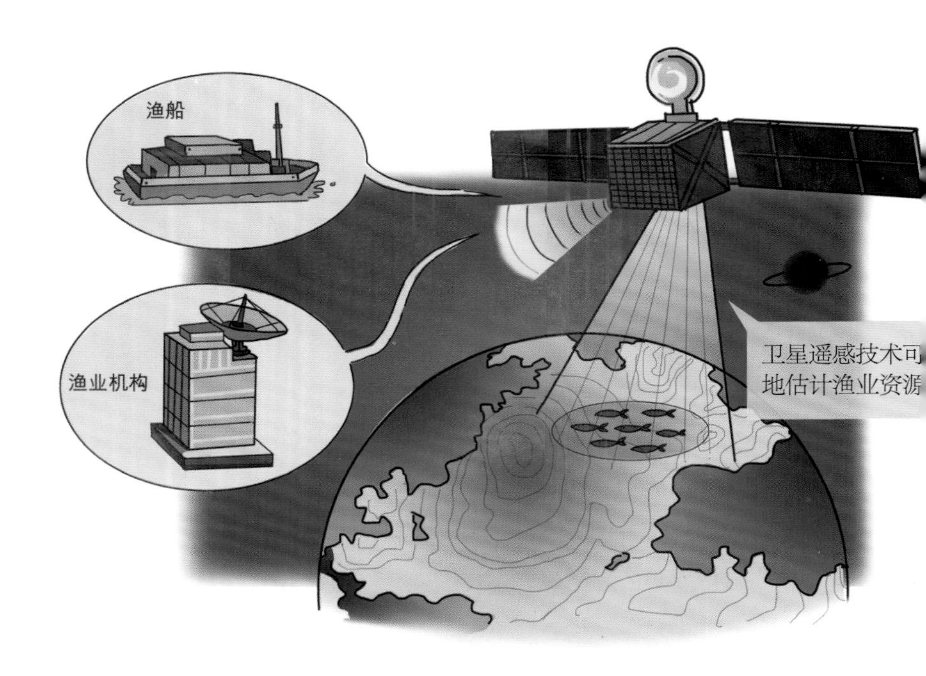